Heinrich Mayr

Aus den Waldungen Japan's

Beiträge zur Beurtheilung der Anbaufähigkeit und des Werthes der japanischen

Holzarten im Deutschen Walde und Vorschläge zur Aufzucht derselben im

forstlichen Kulturbetriebe

Heinrich Mayr

Aus den Waldungen Japan's
Beiträge zur Beurtheilung der Anbaufähigkeit und des Werthes der japanischen Holzarten im Deutschen Walde und Vorschläge zur Aufzucht derselben im forstlichen Kulturbetriebe

ISBN/EAN: 9783743450318

Hergestellt in Europa, USA, Kanada, Australien, Japan

Heinrich Mayr

Aus den Waldungen Japan's

Aus den

Waldungen Japan's,

Beiträge

zur

Beurtheilung der Anbaufähigkeit und des Werthes der Japanischen Holzarten im Deutschen Walde

und

Vorschläge zur Aufzucht derselben im forstlichen Kulturbetriebe

von

Dr. Heinrich Mayr

Privatdozent an der königl. Universität zu München.

———❊———

München 1891.

M. RIEGER'sche
Universitäts- Buchhandlung
Gustav Himmer   k. b. Hoflieferant
2 Odeonsplatz 2.

Vorwort.

Vorliegendes Schriftchen ist im Wesentlichen der Abdruck einer Reihe von Aufsätzen, welche ich in Briefform von Tokio aus an die „Allgemeine Forst- und Jagdzeitung" richtete. Da der Abdruck des Schlussmanuskriptes durch ungünstige Verhältnisse über ein halbes Jahr sich verzögerte, der Anfang der Aufsätze aber schon im Jahre 1889 erschien, so war damit der Zusammenhang verloren gegangen und eine neue Ausgabe der „Mittheilungen aus dem japanischen Walde" in der vorliegenden, etwas erweiterten Form nothwendig geworden.

Ich bitte, die in den folgenden Zeilen niedergelegten Anbauvorschläge, die auf Grund ausgedehnter Reisen und Studien während eines vierjährigen Aufenthaltes in Japan selbst gewagt wurden, wohlwollend aufzunehmen und durch Versuche im Walde selbst auf ihren Nutzwerth zu prüfen.

München, Juni 1891.

Der Verfasser.

Inhaltsangabe.

Das Jahr 1886 beschenkte die forstliche Literatur mit einer grösseren Arbeit über die japanischen Waldungen, deren Resultate mir für meine Reisen in demselben Jahre leider nicht mehr zu gute kommen konnten; ich meine J. J. Rein's *) Japan, II. Band, der im Anschluss an den ersten Band des Jahres 1881 besser als irgend eines der vielen Bücher über Japan den Leser in die Waldungen einführt. Vieles der farbenreichen Schilderungen über Eigenartigkeit, Reichthum und Blumenpracht, über Vielseitigkeit und Werth dieser Waldungen hat Rein bestätigt; freilich sehr vieles von den Schilderungen flüchtig dahineilender Weltumsegler und zu floristischen und forstlichen Betrachtungen nicht genügend vorbereiteter Reisender musste sich als falsch oder ungenügend erweisen, hatten doch viele vor und nach Rein, ja die meisten derselben, den wild erwachsenen Wald gar nicht gesehen und diesen nach Tempelhainen und künstlichen Anlagen im Enthusiasmus des ersten Augenblickes den staunenden Lesern in der Heimath in einem Bilde vorgeführt, das mehr Poësie als Wirklichkeit enthielt. Auch sei erwähnt, dass viele Irrthümer über japanische Verhältnisse sich durch Japaner selbst eingeschlichen haben. Der Japaner reist nicht gerne in kühlere Gebiete und verlässt nur gezwungen die reiche Küste, um in den höheren Gebirgen, wo die Waldungen liegen, sich mit sandigem Reis, mit getrockneten, von Insecten durchlöcherten Fischen zu begnügen; die wenigsten Japaner haben eine richtige Vorstellung von ihren Waldungen, und von der nördlichen Insel Eso, dieser herrlichen Waldinsel, sprechen sie wie wir Europäer von Sibirien.

---

*) J. J. Rein, Japan, nach Reisen und Studien im Auftrage der kgl. preuss. Regierung. II. Bd. Land- und Forstwirthschaft, Industrie und Handel. Leipzig. Engelmann, 1886.

1

Rein's grosses Werk, unbestritten das Beste, das über Japan geschrieben wurde, hat, was den Wald betrifft, sorgfältig Spreu und Waizen in früheren Publicationen geschieden; aber es bedarf noch verschiedener Reinigungshiebe, ehe das Bild des japanischen Waldes in seiner vollen Klarheit und Wahrheit dem geistigen Auge des fernen Lesers erscheint.

Das Rein'sche Buch hat Luerssen*) im engeren forstlichen Kreise bekannt gemacht durch eine Arbeit, welche Rein's Beobachtungen mit dem für die preussische Versuchsanstalt gefertigten Berichte von japanischen Forstleuten, wie Dr. Y. Nakamura, Matzuno, verknüpfte. Die mit sehr ausführlichen Beschreibungen der Sämereien, Sämlinge und jüngeren Pflanzen bereicherte Darstellung behandelt 13 Nadelhölzer und ein Laubholz, welche zum versuchsweisen Anbau in den deutschen Forsten bestimmt wurden.

Die folgenden Zeilen entsprangen dem Bestreben, abermals eine Auswahl aus dem grossen Heere der japanischen Holzarten zu Anbauzwecken zu versuchen; zugleich wurde Gewicht gelegt auf eine naturgetreue Schilderung der waldbaulichen Ansprüche jener Holzarten, die nach den bisherigen Erfahrungen in Deutschland und meinen Beobachtungen in Japan selbst wohl in erster Linie für einen grösseren waldbaulichen Versuch in Frage kommen könnten.

Während im Grunde genommen unsere Versuche, fremde Holzarten im eigenen Walde einzuführen, doch von recht bescheidener Ausdehnung sind, denken wir vielleicht nicht daran, dass umgekehrt das Ausland, Japan, Indien, ja selbst Nordamerika, viel grossartigere, einschneidendere Versuche vornimmt, indem es die zumeist in unserem deutschen Walde gesammelten Regeln und Erfahrungen in seinen eigenen Wald zu übertragen sucht. Was die fremden Holzarten im deutschen Walde betrifft, so kann man schon jetzt sehen, dass eine Reihe derselben den Forderungen von Klima und Wirthschaft nicht gewachsen sind; nun, so ist es auch mit unseren waldbaulichen Regeln und wirthschaftlichen Erfahrungen, auf's Ausland übertragen; wir sind stolz, Gayer's Waldbau auch ausserhalb Europa, wo es Forstleute gibt, wiederzufinden; aber schon jetzt hat

---

*) Dr. Ch. Luerssen, Die Einführung japanischer Waldbäume in die deutschen Forste. Zeitschrift für Forst- und Jagdwesen, 1886.

sich herausgestellt, dass, von den allgemeinen Maximen und
den umfassenden Gedanken abgesehen, nur wenig in die neuen
Verhältnisse sich einpassen lässt. Unsere waldbaulichen Regeln
sind eben an den Wirthschaftsobjecten einer ganz verschiedenen
Vegetationszone gesammelt, die durchaus viel höher liegt, als
das Gros der Waldungen und das Centrum der Wirthschaft des
fremden Landes; da, wo unsere Vegetationszone auftrifft, da
ruht in den genannten Ländern noch vielfach jede Wirthschaft,
da herrscht noch am meisten Urwald. Wer im Auslande, die
Lage der Vegetationszonen mit ihren klimatischen und floristischen Unterschieden ausser Betracht lassend, seinen Wald nach
deutschem Muster wiederverjüngen und erziehen will, der
riskirt einen Fehlgriff, welcher um so folgenschwerer sein wird,
je differenter Klima und Boden sind, je weiter die beiderseitigen Vegetationszonen von einanderliegen. Um Japan zu
wählen, so fehlt z. B. für die Waldungen der immergrünen
Laubhölzer im deutschen Walde jedes Analogon; für die Behandlung der Keáki, Magnolie, der Kadsura (Cercidiphyllum) und
anderer, welche wichtige Nutzbäume darstellen, fehlt bei uns mit
den Holzarten natürlich auch jede Anleitung zur Behandlung.
Aber auch von diesen extremen Fällen abgesehen, ist die Gefahr,
dass man sich vergaloppirt, eine grosse und die Rückkehr zum
status quo kaum wiederzufinden; nicht genug kann man hier
empfehlen: chi va piano va sano e va lontano. Warum sollte
sich, möchte man denken, der japanische Wald mit seinen
Eichen und Buchen, seinen Fichten, Kiefern und Tannen nicht
nach deutschem Muster bewirthschaften lassen? Es ist ja
möglich, dass die Buchenwaldungen der Schablone sich fügen;
aber was soll man mit den ausgedehntesten, uralten Buchenwaldungen anfangen, wenn sie, wie z. B. am Amagi-Gebirge,
das zur See kaum einige Stunden von den grossen Städten
Yokohama und Tokio entfernt ist, fast werthlos sind? Sollte
man nichts thun mit der Aussicht, dass diese Waldungen im
kommenden Jahrhundert auch noch nichts werth sein werden?
Das Holz der Buche im genannten Gebirge ist nicht einmal
zur Zucht essbarer Schwämme (Agaricus) oder zur Köhlerei
verwendet, einzig weil die Buche in den höheren Regionen
wächst, während in tieferen Waldzonen bessere Holzarten als
die Buche heimisch sind. Es wäre trotzdem völlig falsch, zu

1*

sagen, dass die japanische Buche, deren Identität mit der europäischen Art ich bezweifle, ein schlechteres Holz producire als die europäische; im nördlichen Japan, wo die tieferen Vegetationszonen mit den besseren Holzarten vielfach fehlen, weiss man die Buche wohl zu schätzen und benutzt sie selbst beim Schiffbau. Aehnlich ist auch bei uns die Buche — faute de mieux — in vielen Gegenden gesucht und geschätzt. Im genannten Gebirge bildet die Buche in den tieferen Lagen Mischwaldungen mit der ihr in Rinde und Stammbildung von ferne sehr ähnlichen Keáki; an den aufstrebenden Aesten erkennt man die Keáki, während die Buche mehr horizontal ihre Aeste aussendet; in etwas höheren Lagen verschwindet die Keáki, die Momitanne tritt an ihre Stelle; bei uns würde man empfehlen, künftig der Tanne in diesen Beständen die Uebermacht zu geben und die reinen Buchenbestände, welche die Gipfel der Berge krönen, kräftig mit Tannen zu durchstellen; in Japan wäre dies vergaloppirt, denn einmal ist die Tanne in diesen Bergen kaum soviel werth, als ihr Hauerlohn beträgt, weil eben in tieferen Zonen bessere und leichter erreichbare Weichnutzhölzer, wie Kryptomerie und Kiefer, wachsen; und dann gehört diese Tanne einer anderen Vegetationszone an als die mitteleuropäische Tanne, und das Auftreten der Buche in grösserer Menge bedeutet schon die obere Grenze der ersteren. Als ich vor vier Jahren ein paar Wochen im Amagigebirge zubrachte, war man eben daran, in den wärmeren Lagen die schlechten Holzarten herauszuschlagen, Keáki und Kryptomeria zu pflanzen; um meine Meinung gefragt, glaubte ich für das Gebiet der Tanne und Buche den Feuerbaum (Chamaecyparis obtusa), bezw. die japanische Lärche, empfohlen zu müssen, aber besser als beide wäre wohl eine nordamerikanische Art, die Douglasia. Wie verschieden ist das waldbauliche Problem doch von dem, das in deutschen Buchenbeständen gestellt ist! Die Gipfel dieses Gebirges mit etwa 4000' Erhebung occupiren, wie erwähnt, die Buche in reinen Beständen; es ist dies nicht auffallend, sondern beweist nur, in welcher Höhe im mittleren Japan jene Vegetationszone zu suchen ist, die unserem kühleren Laubwalde entspricht; wäre das Amagigebirge um 2000' höher, so würden Fichten oder dieser Region typische Tannen die

Gipfel bekleiden, wie dies in gleicher Elevation in den Alle-
ghanies in Ostamerika oder im südlichen Apennin in Europa
der Fall ist.

Es erscheint für Anbauversuche mit fremden Holzarten
von grösster Wichtigkeit, deren heimathliches Waldgebiet nach
klimatischen, waldbaulichen, floristischen und geologischen
Merkmalen möglichst genau zu schildern, eine Arbeit, die
freilich den Zweck und Umfang dieser Schrift weit überschreiten
müsste, wenn sie erschöpfend ausfallen würde. Für die wenigen
Holzarten, die meiner Ansicht nach Aufmerksamkeit von Seite
der Waldzüchter verdienen, soll eine kurze Skizzirung des
japanischen Waldes nach obigen Gesichtspunkten versucht
werden, um möglichst genau die Vegetationszone der Holzart,
ihre Verbreitung und ihr Optimum in der Heimath zu erkennen;
mit Hilfe dieser Daten wird es möglich sein, die entsprechenden parallelen Waldzouen in Deutschland selbst auffinden zu können; denn nur innerhalb dieser parallelen Vegetationszonen haben
Versuche mit fremden Holzarten Aussicht auf
erfolgreiches und gewinnbringendes Gedeihen.
Ich benütze für die Parallelstellung der deutschen Waldlandschaften mit den Vegetationszonen Japans die meteorologischen
Angaben, wie ich sie in meinem Buche über die Waldungen
Nordamerika's*) zusammenstellte.

Ueber die einzelnen Faktoren, welche das Klima eines
Waldstriches oder einer Vegetationszone bestimmen, mögen
einige allgemeine Bemerkungen erlaubt sein.

I. Die Vegetationszonen der japanischen Waldungen.

Zur Fixirung der Wärme eines Klimas genügt, wie bekannt,
die Jahrestemperatur allein nicht; kann doch ein Landstrich
mit heissem Sommer und kaltem Winter die gleiche Isotherme
zeigen wie ein zweites Gebiet mit kühlem Sommer und verhältnissmässig mildem Winter. In ersterem ist nur eine blatt-

---

*) H. Mayr, Die Waldungen von Nordamerika, ihre Holz-
arten, deren Anbaufähigkeit und forstlicher Werth für Europa im Allgemeinen u. Deutschlands insbes. München, Universitätsbuchhandlung
(G. Himmer). 1890.

abwerfende Baumflora, im zweiten vielleicht sogar eine immergrüne Vegetation möglich. Innerhalb kleinerer Gebiete, z. B. den Centralstaaten Europas oder der europäischen Küste oder für die Küste Japans gibt die Jahrestemperatur genügend Aufschluss über die Wärmeverhältnisse verschiedener Standorte. Auch die Sommertemperatur allein, die Temperatur der Hauptvegetationszeit (Mai, Juni, Juli und August) ist keine zuverlässige Richtschnur; so ist z. B. der Sommer in Canada viel wärmer als in San Francisco. Erst beide zusammen lassen die Ansprüche einer Pflanze an die nöthige Wärmemenge und ihre Widerstandskraft gegen Winterkälte deutlich hervortreten.

Um beurtheilen zu können, wie tiefe Temperaturen eine Holzart ertragen kann — eine für Anbauversuche mit fremdländischen Holzarten sehr wichtige Vorfrage — erscheint es wünschenswerth, die tiefste Temperatur, welche die betreffende Holzart in ihrer Heimath zu ertragen hat, kennen zu lernen; freilich ist es ein grosser Unterschied, ob so ausserordentlich tiefe Kältegrade nur ein paar Stunden oder längere Zeit dauern, ob sie nur einmal im Laufe des Winters auftreten oder mehrmals wiederkehren, ob sie zu schneereichen oder schneearmen Zeiten sich einstellen u. dgl. Um nach dieser Richtung hin erschöpfend zu sein, fehlt es leider nur zu oft an genauen Beobachtungen.

In meinem Berichte an die bayerische Regierung über die Waldungen von Nordamerika, sowie die Anbaufähigkeit und Anbauwürdigkeit der nordamerikanischen Holzarten in Europa, glaubte ich ein grosses Gewicht auf die relative Feuchtigkeit legen zu müssen, einen Faktor, der in Deutschland allzu gleichmässig und günstig ist, um seinen mächtigen Einfluss auf die Existenz des Waldes, insbesonders die Höhenentwickelung desselben, verfolgen zu können. Erst in Italien und Spanien sinkt die relative Feuchtigkeit unter 65% und mit ihr, trotz der Wärmezunahme und trotz des besten Bodens, auch die Höhenentwickelung des Waldes; es dürfte in Italien die Grenze des Baumwuchses, wie ich dies auch für Nordamerika annahm, bei etwa 50% relativer Feuchtigkeit während der Hauptvegetationszeit liegen, so dass unterhalb 50% nur präriale Vegetation — Stauden- und Graswuchs, je nach höherer oder niederer Temperatur — möglich ist.

Dass mit der relativen Feuchtigkeit die Regenmenge steigt und fällt, ist nur für kleinere Gebiete annähernd richtig; schon innerhalb Deutschlands kann vielfach die durchschnittliche relative |Feuchtigkeit für eine Oertlichkeit dem Thaupunkte sich nähern, ohne dass die Regenmenge zunimmt. So fallen z. B. im Thüringer Walde bei etwa 600 m Erhebung von Mai bis August einschliesslich durchschnittlich 345 mm Regen bei 79% relativer Feuchtigkeit*); im Riesengebirge bei gleicher Erhebung 430 mm Regen bei 76% relativer Feuchtigkeit, im Erzgebirge bei gleicher Erhebung 307 mm Regen bei 72% relativer Feuchtigkeit; die Ostseeküste empfängt bei 74% relativer Feuchtigkeit nur 224 mm Regen.

Viel stärker sind die Kontraste in grösseren Kontinenten: Die Prärie zwischen dem Felsengebirge und dem Missouri erhält während der gleichen Monate bei 45% relativer Feuchtigkeit noch 130 mm Regen, die Prärie an der südkalifornischen Küste bei vollen 72% relativer Feuchtigkeit nur 12 mm! Im ersteren Gebiete fehlt Baumwuchs aus Mangel an relativer Feuchtigkeit (unter 50%), im letzteren aus Mangel an Regen (unter 50 mm pro Mai bis August).

Auch Japan hat baumlose Gebiete, Gras- und Strauchprärie, die sich über zahllose Berge und Thäler ausbreitet, zwischen hohe Waldreste sich eindrängt; aber dem Mangel an Feuchtigkeit der Luft oder an Regen können solche Gebiete ihren Ursprung nicht verdanken, beide Faktoren sind in dem Inselreiche stets und allezeit für Baumwuchs günstig. Es mögen ein paar Worte über Prärie im Allgemeinen und die japanische insbesondere hier sich einfügen, wenn auch der Werth, den eine Eintheilung der waldlosen Gebiete in klimatische Zonen für praktische Zwecke in sich schliesst, für unser deutsches Land wegfällt.

Wo schon vor dem Eingreifen des Menschen in das Walten der Natur der Wald durch Gras- oder Strauchwuchs vertreten war, da ist entweder

a) die Regenmenge für hohen Baumwuchs unzureichend, während die relative Feuchtigkeit genügen würde (Kali-

---

*) Die Zahlen wurden nach den offiziellen Publikationen der verschiedenen deutschen Staaten als Durchschnitte von 5 bis 10 Jahren berechnet.

fornische Ebene); in solchen Landstrecken ist Land- und
Forstwirthschaft möglich bei Anwendung von künstlicher
Bewässerung; oder

b) es fehlt die nöthige relative Feuchtigkeit, während die
Regenmenge für Waldwuchs genügen würde (Prärie zwischen
Felsengebirge und dem Missouri); dort ist wohl Land-
wirthschaft, aber nie Forstwirthschaft möglich; oder

c) Feuchtigkeit der Luft und des Bodens sind zu gering für
Wald; dort fehlt oft auch die spärliche Grasnarbe, der
isolirt stehende Strauchwuchs (Colorado desert, zwischen
Felsengebirge und Sierra Nevada); Landwirthschaft ist
bei künstlicher Bewässerung vielleicht, Forstwirthschaft
aber nie möglich;

d) wo Prärie sich findet, obwohl relative Feuchtigkeit und
Regenmenge für die Existenz von Wald genügen würden,
da liegt die Ursache in anderen, meist lokal beschränkten
Faktoren, im Boden, in der Temperatur, selbst in den die
Prärie bevölkernden Pflanzen. Solche Prärieflächen liegen
oder lagen mitten im Ansiedelungs- und Kulturgebiete
des Menschen; kein Wunder, dass durch den Einfall des
Menschen in den Wald solche Flächen an Ausdehnung
gewannen auf Kosten des Waldes; dieses verloren gegangene
Gebiet, vom noch bestehenden Walde ausgehend, schritt-
weise für den Wald zurückzuerobern, ist jederzeit möglich.
(Prärie östlich vom Missouri, die Hara in Japan, die Alang-
Alang oder Santanawildnisse in Java und Ceylon, die
Steppe in Ungarn.)

Das Klima von Gesammt-Japan kennzeichnet eine grosse
Regenmenge und ein hoher Prozentsatz relativer Feuchtigkeit
und zwar gerade zur heissesten Zeit, im Sommer, umgekehrt
wie bei Ländern mit grösserer kontinentaler Entwickelung.
Man kann die japanischen Prärieflächen in Gras- und Strauchprärie scheiden; beide können auf natürlichem Wege oder durch
den Eingriff des Menschen geschaffen sein.

Die Grasprärie (Suso-no) findet sich, wie ihr japanischer
Name sagt, saumförmig, an der Basis der Vulkane, insbesondere
jener jüngeren Datums; allein das Alter des Berges und Ge-
steines hat keinen entscheidenden Einfluss, findet sich doch
auf demselben Berge und Gesteine ober- und unterhalb der

Prärie thatsächlich wieder Wald. Diese Graspräerie umgürtet im südlichen und mittleren Japan zahlreiche Vulkane an ihrer flach verlaufenden Basis allseits, auf der Südseite breiter als auf der Nordseite, während sie im nördlichen Japan sich auf die südliche Exposition (nach Mittheilung von Dr. F. Harada) zurückzieht. Der Untergrund, auf dem diese Gürtelpräerie fusst, ist lockeres, poröses, grobkörniges Gestein von der Beschaffenheit, wie das Material der Eruptionen von noch heute thätigen, japanischen Vulkanen; die Wasser aus den höheren Regionen, soweit sie nicht von dem über der Prärie liegenden Walde abgefangen und verbraucht werden, sickern, wenn sie den Geröllgürtel erreichen, rasch in grössere Tiefe und abwärts, um unterhalb der Prärie in mächtigen eiskalten Quellen wieder zu Tage zu treten. So fehlen der Graspräerie die oberirdischen Bäche zur Berieselung; die senkrecht auffallenden Sonnenstrahlen steigern die Verdunstung der auf den fallenden Regen und die geringfügigen Thauniederschläge angewiesenen niederen Vegetation. Aber oberhalb ist Wald; denn die Bewässerung durch oberirdische Gewässer von höheren Elevationen ist reichlich, der Boden feinkörniger und desshalb stärker verwittert und die Sickerfeuchtigkeit besser zurückhaltend; dazu ist die Verdunstung gemindert, die Niederschlagsmenge gesteigert.

Dass diese ursprünglich begrenzte Prärie heutzutage durch die Beihilfe des Menschen noch beträchtlich an Ausdehnung gewonnen hat, ist nicht überraschend; Feuer und Axt sind hier in Japan noch vielfach so wenig unter Kontrole wie in Nordamerika.

Von diesen Grasflächen, sowie von jenen abgesehen, die die Berge unmittelbar an der Küste bekleiden, da wo die heftigen und ständigen Windströmungen den Aufwuchs von Wald verhindern, gibt es aus natürlichen Gründen — ausserhalb der Carex-Sümpfe — wohl keine Graspräerie in Japan. Wo sie sonst sich findet, ist sie erst durch den Menschen geschaffen, wie die Alang-Alangwildnisse auf Java und Ceylon.

Fast die Hälfte der zahllosen Berge des japanischen Inselreiches bedeckt nicht Wald, sondern ein niederes Gestrüppe von holzigen Sträuchern, annuellen und perennirenden Gräsern und Kräutern, die eigentliche Hara; auch Theile dieser Gras- und Strauchpräerie sind Ur- und Naturprodukte. Die undurchdringlichen Dickichto der Zwergbambuse, von 1 bis 4 m Erhebung, wie sie von der Südspitze des Reiches an über Hokkaido (Eso) hinweg selbst bis auf den Kurilen mitten in die Bergwaldungen sich eindrängen, lassen keinen Baum, oft keinen Strauch zwischen sich aufkommen, und wo der Mensch in ihrer Nähe einen Wald misshandelt oder entfernt, da sind ihre unter- und oberirdischen Sprosse sofort zur Stelle, um die aufkeimende Baumjugend zu beengen und allmählich zu erdrücken.

Strauchförmige Prärie umsäumt die Küste oder lehnt sich der Grasprärie der ersten Hügelreihe an und bildet so den allmählichen Uebergang zwischen Graslandschaft und Wald, entsprechend der Abnahme des Salzgehaltes und der Heftigkeit der Meereswinde. Zur Strauchform endlich sinkt der Wald in grösseren Elevationen herab.

Aber alle diese Gebiete umfassen nur einen kleinen Theil jener Flächen, die man Hara nennt; fast die Hälfte aller Berge Japan's überkleidet Buschwerk an Stelle von Baumwuchs, den der Mensch emporkommen lässt, da er alle 2 bis 5 Jahre die emporsprossende Vegetation absichelt nicht zur Futtergewinnung, wie mancher, vielleicht vom Norden Japans auf das ganze Reich schliessend, vermuthete, sondern zur Gründüngung der Reis- und Simsenfelder. Wer solche Strauchprärie mustert, ist überrascht, wie wenige Spezies wirkliche Sträucher sind; die meisten sind vielmehr mit den Baumarten des benachbarten Waldes identisch; Birken, Pappeln, Erlen, selbst Eichen, Kastanien, Magnolien und Buchen, kaum manneshoch, bilden die Hauptmasse und seltsam genug, fruktifiziren so reichlich wie normal erwachsene Bäume, mit denen die Meisten in der That, weil Stockausschläge, gleichen Alters sind. Dass diese Prärie jederzeit und leicht wieder in Wald zurückgeführt werden kann, bedarf keines Beweises.

Aus obiger Darstellung geht hervor, dass die waldlosen Gebiete Japans theils eigene Vegetationszonen für sich sind, theils klimatisch und floristisch den benachbarten Waldgebieten und den diesen entsprechenden Vegetationszonen sich einreihen; diese Eintheilung erscheint insbesondere für praktische Zwecke der landwirthschaftlichen Benützung oder der Wiederaufforstung annehmbar.

Dass der japanische Wald an Reichhaltigkeit der Mischung von Baumgattungen und Arten, an Schönheit der herbstlichen

Färbung alle übrigen Waldungen der nördlichen Hemisphäre ausserhalb der Tropen übertrifft, scheint eine allgemein anerkannte Thatsache zu sein, und wenn man das grosse Heer der mehr oder weniger forstlich werthlosen Sträucher auf gleiche Stufe mit den Bäumen stellt, so ist gegen die erste Aufstellung wenigstens nichts zu erwidern. Zur Charakteristik des Waldes sind ja die Sträucher ganz werthvoll, aber den Wald bilden doch wohl nur die Bäume.

Scheidet man alle Sträucher und Halbbäume, welche 8 m Höhenentwickelung nicht übersteigen, aus und vergleicht man die japanischen Waldungen mit denen der nordamerikanischen Küsten, so ergibt sich das bemerkenswerthe Resultat, dass erstere nicht mehr Laubbaumgattungen (100) und Arten (200) in sich schliessen, als der Laubwald der atlantischen Küste beherbergt, nämlich 111 Gattungen und 215 Arten, und dass insbesondere die japanischen Nadelhölzer in Zahl der Gattungen und Arten (17 bezw. 31) ganz beträchtlich hinter der Nadelholzflora der pazifischen Küste (22 bezw. 46) zurückstehen.

Mit Europa kann man die japanische und nordamerikanische Waldflora direkt nicht vergleichen; denn in Europa fehlt die tropische Zone vollständig, von der einige der südlichsten Inseln des japanischen Reiches, sowie die Südspitze von Florida berührt werden. Darin liegt, wie mir scheint, ein Fehler, dem man bei floristischen Vergleichen begegnet, dass die Vegetationszonen ausser Betracht blieben, dass man nicht Gleiches mit Gleichem in Parallele brachte. Was die Vergleiche zwischen japanischer und nordamerikanischer Waldflora anbelangt, so muss ich bemerken, dass es mir bis jetzt noch nicht gelungen ist, die Identität mehrerer Baumarten der beiderseitigen Flora zu erkennen.

1. Die tropische Waldzone.

Die Aufstellung einer tropischen Vegetationszone für das japanische Inselreich bedarf einer Rechtfertigung; nimmt man den Wendekreis des Krebses als die Nordgrenze der tropischen Region an, dann fällt weder von Japan, noch von den Vereinigten Staaten Nordamerika's ein Besitztheil innerhalb die Tropen. In meinem Berichte über die nordamerikanischen Waldungen habe ich die Aufstellung einer tropischen Region

floristisch und klimatisch zu begründen versucht durch den
Einfluss des Golfstromes, der in voller Kraft und Wärme an
die Südspitze Floridas anschlägt; hierdurch wird eine nördliche
Ausbuchtung des tropischen Klimas und der tropischen Flora
bedingt. Gleiches gilt für Japan; die durch den schwarzen
Strom nordwärts geführte Wärmemenge ermöglicht tropischen
Baumwuchs 1—3⁰ nördlich vom Wendekreis, das ist auf den
südlichsten Rinkiu- (Yaë-yama) und auf den Bonin-Inseln.
Dass diese Gebiete wirklich tropisch sind, ist klimatisch
einstweilen noch nicht nachweisbar, denn es fehlen dort jegliche
meteorologische Stationen; aber auch floristisch sind diese
Gebiete noch sehr mangelhaft durchforscht; die tropische Flora
Japans ist kaum ärmer als jene des südlichen Florida; nach
den bisherigen, spärlichen Untersuchungen dagegen stünden
nur 12 japanische Gattungen und 15 Baumarten den 41 nordamerikanischen Gattungen und 50 Arten gegenüber. Unter den
werthvolleren Nutzhölzern wären vor Allem Melia, Diospyros,
Akagi und Palmstämme hervorzuheben. Dort gedeiht die Kokos-
palme, die Banane, die Ananas, deren Früchte auf dem spärlichen Fruchtmarkte zu Tokio sich einfinden.

2. Die subtropische Waldzone, die Region der wintergrünen Eichen und Lorbeerbäume.

Ihrer mathematischen Abgrenzung gemäss, sollte ihre
Nordlinie dem 35. Grad NB. parallel laufen; allein dieselben Faktoren, welche die Ausbuchtung der Nordgrenze der tropischen
Flora bedingen, verschieben an der Ostküste, entlang der Bahn
des warmen Golfstromes, die Grenzlinie bis zum 36.⁰ NB.,
während im Innern der Hauptinsel, entfernt vom warmen
Strome und exponirt den kalten Nordwestwinden von dem
benachbarten grossen asiatischen Kontinente, die Grenzlinie
weiter nach Süden gerückt wird. Hier liegt der Schwerpunkt
des japanischen Reiches, was geistige und materielle Entwickelung betrifft; hier hat eine mehr als tausendjährige Arbeit
des Menschen einschneidende Veränderungen in der Pflanzen-
decke vorgenommen, so dass eine Rekonstruktion des
Urwaldbildes, wie es für floristische und insbesondere
auch biologische, d. h. waldbauliche Studien nothwendig ist, stellenweise fast unmöglich geworden ist.

Die Waldflora dieses Gebietes ist oder vielmehr war —
denn grössere Urwaldbestände in dieser Region gibt es nur
mehr auf den abgelegenen nördlichen Riukiu-Inseln — sehr
reichhaltig an Gattungen und Arten; 24 Gattungen mit 52 Baumarten (über 8 m Höhenentwickelung) sind bekannt, während
die gleiche Vegetationszone innerhalb der Vereinigten Staaten
von Nordamerika, an Standraum eingeengt durch den Golf von
Mexiko und das benachbarte trocken-heisse mexikanische
Binnenland, nur 9 Gattungen mit 11 Arten an der atlantischen
und 7 Gattungen mit 10 Arten an der pazifischen Küste
besitzt; auch in Europa ist die subtropische Flora auf einen
minimalen Raum durch das mittelländische Meer und die Nähe
des trocken-heissen afrikanischen Binnenlandes eingeschränkt:
nur die südlichsten, ins Meer hinausragenden Vorsprünge des
Festlandes tragen eine subtropische Flora, die etwa 5 Gattungen
mit 7 Baumarten umschliesst. Die Nadelhölzer, die dieser
Region theils typisch sind, wie *Podocarpus*, *Cycas*, theils nur
als Stellvertreter bei gewissen Standorten aufzufassen sind
(*Pinus*), kann man auf 2 Gattungen mit 4 *) Baumarten für
Japan, auf 2 Gattungen und 4 Arten für Ost- und 5 Gattungen
und 12 Arten für West-Nordamerika und endlich auf 1 Gattung
und 1 Art für Europa feststellen.

Die subtropische Zone umfasst nach meiner Auffassung
die nördlichen Riu-Kiu-Inseln, von Kiuschiu, Shikoku und dem
benachbarten Honschiù die tieferen Lagen bis zu etwa durchschnittlich 500 m Erhebung; Idsu und Awa, die halbinselartig
in den warmen Strom vorspringen, tragen die letzten kräftig
entwickelten Vertreter der subtropischen Flora.

Das Klima dieser Region ist, soweit die Küste in Frage
kommt, durch langjährige meteorologische Beobachtung genügend bekannt; Satzuma und Osumi, die südlichen Provinzen
von Kiuschiu, sind die wärmsten Gebiete der Hauptinseln;
eine Linie, welche die neue Hauptstadt Tokio mit der alten
Kioto verbindet, bezeichnet die Nordgrenze dieser Zone; an
ihr erhebt sich der unvergleichlich schöne Fujino-yama, ein,

*) Es gelang mir, im Frühjahre dieses Jahres (1891) auf den Riu-
Kiu-Inseln eine neue, durchaus japanische Kiefer, die siebente
in der Zahl der japanischen Kiefern, aufzufinden; die Diagnose derselben soll an anderen Orten veröffentlicht werden.

um einen prosaischen Ausdruck zu gebrauchen, tadelloser
Neiloidstutz, der bis hart an die Grenze des ewigen Schnee's
omporsteigt.

Das durchschnittliche Klima ist folgendes: 22,5⁰ C; 81%
relative Feuchtigkeit und 1370 mm Regen während der Haupt-
Vegetationszeit Mai bis August inklusive; Jahrestemperatur
15⁰; Frost tritt während des klaren Winters von November bis
April auf, im Süden bis zu — 7⁰ C, im Norden bis — 10⁰ C;
plötzliche Umschläge des Wetters, begleitet von sehr empfind-
lichen Temperaturschwankungen, sind nicht selten; mehrmals
konnte ich hier in Tokio bei plötzlichem Einsetzen des Süd-
windes in Zeit von 30 Minuten eine Erwärmung um 16⁰ C
konstatiren; der Boden gefriert nur ganz oberflächlich; wo die
Sonne auftritt, thaut er alltäglich wieder auf; Schnee fällt ein
paar Mal für ein paar Tage; Palmen *(Trachycarpus [Chamaerops]
excelsa)* gedeihen als werthvolle Nutzpflanzen ohne allen Schutz;
die Banane *(Musa)* verliert im Winter ihre Blätter, aber ihre
Schäfte trotzen dem Froste.

Auffallend hoch ist im Klima der subtropischen japanischen
Region der Gehalt der Luft an relativer Feuchtigkeit während
der heissen Zeit gerade entgegengesetzt dem europäischen
Klima; es ist dies selbstverständlich eine für den Pflanzen-
wuchs vorzüglich, für den Menschen weniger zuträgliche Er-
scheinung, bedingt durch den Südwestmonsum, der mit der
Wärme auch eine erdrückende Menge Wasserdampf in's
Land trägt.

Vergleicht man dieses Klima mit dem der europäischen
Landschaften, wie ich diese zur klimatischen Parallele mit den
nordamerikanischen Waldlandschaften in meinem Buche über
die Waldungen von Nordamerika aufgeführt habe, so muss
man sagen, dass das japanische Klima dieser Zone kein Analogon in Europa besitzt; in Temperatur nahe kommen demselben Spanien, Portugal, Süditalien, Griechenland, auch noch
die französisch-italienische Riviera; sehr verschieden ist stets
einer der wichtigsten Faktoren für das Pflanzenleben, die
relative Feuchtigkeit. Ich lege auf diese zur Erklärung der
geographischen Vertheilung der Wälder, ihrer Zusammensetzung
und insbesondere ihrer Höhenentwickelung in den verschiedenen
Erdtheilen ein grosses Gewicht. Ich weise hier nur kurz auf

die Thatsache hin, dass jene Waldungen, welche dem grössten Feuchtigkeitsspender, dem Stillen Ozean, ihr Dasein verdanken, wie die Waldungen der Pazifischen Küste von Amerika, jene von Japan, von Java, von Australien und Neuseeland an Höhe und Masse alle übrigen Waldungen übertreffen. So nahe das Klima obiger europäischer Länder in Temperatur dem des südlichen Japan kommen mag, nur die allergünstigsten wasserdampfreichsten Gebiete, die in der Nähe und wenig über der Meeresküste liegenden Gebirgsthäler lassen erwarten, dass in ihnen die japanischen Nutzpflanzen dieser Region anbaufähig sein werden; selbst dann ist es sehr wahrscheinlich, dass viele Holzarten in ihrer Wuchskraft hinter den Leistungen in der Heimath zurückbleiben werden. Für Deutschland kommt kein typischer Nutzbaum dieser Region in Frage.

Der ehemalige Urwald, von dem einige Tempelhaine Reste sind, war reich an immergrünen Eichen (8 Arten), immergrünen Laurineen wie z. B. der Kampherbaum, die mit forstlich weniger werthvollen Immergrünen wie Camellia, Prunus etc. die besseren Standorte bevölkerten.

An der Küste, wo sandige Beschaffenheit des Bodens überwiegt, ersetzt den Laubwald die Schwarzkiefer *(Pinus Thunbergii)*, die auch noch in die folgende kühlere Region übergreift; auf der allmähligen Grenze beider aber liegt ihr Optimum. Gleiche Ansprüche an das Klima erhebt die *Cryptomeria* (Jap. Sugi), die aber nicht Sandboden, sondern den besten, lockeren Thon- oder Lehmboden, besonders vulkanischen Ursprunges, an der Küste wie im Binnenlande liebt. Wo die Cryptomeria wild wächst, ist heut zu Tage nur schwer festzustellen; es sind nur einige Bergstöcke im südlichen und mittleren Japan, sowie ein mächtiger Gebirgsstock im Norden, wo die Sugi wild vorkommt, überall fast ist sie gepflanzt oder verwildert.

Die ehemalige Waldvegetation hat in dieser Region die grössten Veränderungen erlitten; zahllose Berge sind völlig kahl, nur mit Gras oder Buschwerk bedeckt; in der Ebene haben die landwirthschaftlichen Kulturgewächse wie Reis, Baumwolle, Orangen, Sorghum, Bambus, Wachsbaum (Hase),

die wohl alle von China herübergebracht wurdon, den Wald
verdrängt. Wo noch Waldwirthschaft besteht, hat man vielfach den ursprünglichen Wald durch Cryptomerienhochwald
ersetzt oder in einen Niederwald mit Pflanzen aus kübleren
Regionen, wie den Kohlholz liefernden Eichen *(Quercus serrata,
glandulifera* und *variabilis)* umgewandelt.

Yokohama, Tokio, Kobe, die Vertragshäfen, welche alle
Weltumsegler und Japan-Reisende anlaufen, liegen auf dem
allmähligen Uebergangsgebiete von dieser Zone zur nächsten,
kühleren; kein Wunder, dass dieses Gebiet, da es von zwei
Regionen her bevölkert wird, ausserordentlich an Waldbäumen
ist, und kein Wunder, dass dieser Reichthum und die eigenartige Mischung — immergrüne Laubbäume *(Quercus, Castanopsis, Cinnamomum, Prunus* und viele andere) mit Koniferen
und blattabwerfenden Holzarten —, auf die meisten Reisenden,
die auf derlei achten, einen so mächtigen Eindruck hinterlassen
haben; und doch ist, im Grunde genommen, ein derartiges
Waldbild nicht eigenthümlicher und wunderbarer, als viele
Waldbilder bei uns und in Japan, in Hokkaido oder in höheren
Regionen, wo blattabwerfende Laubhölzer mit immergrünen
Nadelhölzern zu einem Waldbestande sich vereinigen.

3. Die gemässigt-warme Region der winterkahlen Laubhölzer.

Mit dieser Zone betreten wir ein Gebiet, das uns klimatisch
und damit auch floristisch und forstlich bereits näher liegt;
in horizontaler Richtung streicht dasselbe vom 36.⁰ beziehungsweise 34.⁰ NB. durch die ganze Hauptinsel Hondo, durch
ganz Eso (Hokkaido), die südliche Spitze von Sachalin und
selbst noch die Südhänge der südlicheren Kurilen; natur-
gemäss zerfällt dieses Gebiet in zwei grosse Hälften; eine
wärmere, südlichere, die Region der Edelkastanie, und die
kühlere, nördliche Hälfte, die Region der Buchen oder Birken.
Diese Eintheilung, die auch für die italienischen Laubwaldungen getroffen wurde, erscheint auch für die japanischen
eine durchaus natürliche; wo ich bisher die Zone in horizontaler oder vertikaler Richtung beobachtete, bezeichnete das
Auftreten der Buche das Ende der Edelkastanie. Nach der
Elevation beginnt

a) die Kastanienzone

in Schikoku und Kiuschu bei etwa 500 m und erhebt sich bis
zu durchschnittlich 1000 m; auf der Hauptinsel steigt die
Kastanie bis zu etwa 800 m im Süden und 400 m im Norden;
von der Insel Hokkaido gehören noch die tiefliegenden,
wärmsten Gebiete im SW. der Insel hierher bis zu etwa
100 m Erhebung. Diese rasche Abnahme ist vor Allem dem
Einflusse des von NO. her an die Küste anschlagenden,
kalten Stromes zuzuschreiben; dazu kommt noch die Nähe
des grossen Festlandes Sibirien, dessen Kälte im Winter
häufige N.- und NW.-Winde tief in das Land tragen; in der
That ist für die hohe Sommerwärme die tiefe Wintertemperatur
auffallend.

Das Klima an der Küste ist folgendermassen charakterisirt:
während 4 Monaten, Mai bis August, 20,7 ⁰ C., 80 % relative
Feuchtigkeit, 516 mm Regen, 12,5 ⁰ mittlere Jahrestemperatur.
Frost tritt auf vom Oktober bis April, zuweilen bis —18 ⁰, im
N. selbst bis —25 ⁰ C. Der Winter ist in dieser Region, 42. bis
46.⁰ NB., überraschend kalt und drückt somit die Jahrestemperatur beträchtlich herab, bis zur Temperatur unserer
Laubwaldungen ; doch ist es möglich, dass viele der japanischen
Holzarten, in die deutschen Laubwälder versetzt, falliren oder
nur geringe Dimensionen erreichen, gerade weil die Sommerwärme im deutschen Walde beträchtlich geringer als jene des
parallelen japanischen Waldes ist; die Temperatur des Winters
dürfte für die Pflanzen, die aus dieser Zone Japans stammen,
mehr oder weniger gleichgiltig sein.

Aus obigen Temperaturangaben ergibt sich, dass die tiefen
Thäler von Süd-Tirol, Nord- und Mittel-Italien, die Riviera,
Süd-Frankreich und Nord-Spanien in ihrer Sommertemperatur
diesem Gebiete am nächsten kommen, während deren Winter
ja viel milder ist. Deutschland liegt wegen seiner geringen Sommerwärme, selbst in seinen wärmsten
Theilen diesem Gebiete noch grösstentheils ferne.
Nur wo in Japan im Norden oder bei entsprechender Erhebung
die Edelkastanie schon in Zahl und Wuchskraft zurückbleibt,
da mag das Klima dem der Rhein- und Mainebene, sowie
dem von Mittel-Frankreich und Nieder-Oesterreich nahe kommen.

2

Von der Küste hinweg steigt überall das Gelände ziemlich
rasch an; es nimmt die Temperatur ab, die Niederschlagsmenge
und die relative Feuchtigkeit zu *), also gerade der Faktor, der
ohnedies schon bei den obigen europäischen Landschaften sehr
viel geringer ist als in Japan, ein für den Anbau der japanischen
Holzarten wichtiger Punkt.

In der Kastanienzone ist der Wald Japans ebenfalls
schon sehr stark dezimirt, in der Ebene haben ihn Reis- und
Waizenbau zusammen mit anderen landwirthschaftlichen Ge-
wächsen vertrieben; wo Wald in der Ebene erhalten wurde,
wird er als Niederwald mit 8—15jährigem Umtriebe bewirth-
schaftet; in den Bergen ist er grösstentheils bis auf niederes
Gestrüppe, das alle anderen Jahre abgehauen wird, ver-
schwunden; Gras und Bambus nehmen mehr und mehr über-
hand; nur die abgelegenen Distrikte beherbergen den Wald
noch in seiner ursprünglichen kraftvollen Entfaltung.

Zu den Füssen der Riesen des lockeren Laubwaldes der
Keáki, Rosskastanien, Magnolien, Harigiri, Wal-
nüsse, Kadsura, Eichen, Zürgeln, Ahornarten, Eschen,
Ulmen und Pappeln sammelt sich ein grosses Heer von
Schling- und Kletterpflanzen, Sträuchern und Halbbäumen bis zu
15 m Höhe, deren oberste Kronenfläche wiederum die Grenze
des astlosen Schaftes der vorgenannten edleren Holzarten bezeichnet; an der Nordgrenze dieser Zone, im südlichen Hokkaido, fehlt
bereits die Keáki, die auf der Hauptinsel noch den Buchen,
freilich nur in geringwerthigen Individuen, sich beimengt;
dagegen erwachsen die übrigen oben angeführten Laubhölzer
noch auf der nördlichen Insel zu Stämmen, die an Schlankheit
und Höhe jenen der Hauptinsel wenig nachstehen. Auffallend
ist dieser Laubwald durch die zahlreichen grossblätterigen
Bäume, die Magnolien, Harigiri und die Rosskastanie, von den
Eichen *Quercus dentata* und *grossiserrata*, die mit ihrem
massigen Blattabfalle zusammen mit grossen, saftigen, annuellen
Kräutern den Boden rasch bereichern.

Ihren hervorragenden, forstlichen Werth erhält jedoch
diese Zone nicht durch die Laubhölzer, zu denen allerdings

*) Auch in Deutschland ist, entgegen den noch vielfach bestehenden
Ansichten, das Bergland während der entscheidenden Vegetationszeit
an relativer Feuchtigkeit und Regenmenge reicher als das Tiefland.

der wichtigste Laubbaum Japans, der japanische Teak-Baum, nämlich die Keáki gehört; allein das weitaus meiste Nutzholz der Keáki stammt gar nicht aus den Waldungen, sondern die Aufzucht geschieht in den Subtropen und in der Kastanienregion in isolirten Individuen, höchstens in Gruppen, welche in der Nähe der menschlichen Wohnungen angelegt sind, wobei eine vorsichtige Aestung für astreino Schäfte sorgt. In erster Linie werthvoll sind in diesem Laubwalde die Nadelhölzer, die theils einzeln dem Laubwalde beigemengt sind, theils an bestimmten Standorten denselben ganz vertreten. Jene wichtigen Holzarten, die an der Grenze der Kastanienzone und der Subtropen ihro maximale Entfaltung zeigen, wie Schwarzkiefer, *Cryptomeria*, betreten auch diese Zone bis zum Erscheinen der Buche; die *Cryptomeria* findet sich noch am Rande der Buchonwaldungen an mehreren Orten theils verwildert, theils wild wachsend und erreicht dort noch stattliche Dimensionen; die Schwarzkiefer umsäumt an der Küste auch diese Region, ohne jedoch Hokkaido zu betreten, und selbst gepflanzt bleibt sie dort an der Küste niedrig und im Binnenlande ist sie überall eine schwächliche Pflanze, die allen Unbilden, wie dem Schüttepilz, den Insekten, besonders den Blattwespen und Wicklern, leichter erliegt als die Rothkiefer. Diese ist zwar im Binnenlande und in Eso auch nicht von den genannten Feinden verschont, aber durch die kräftige Entwicklung vermag sie alle Schäden wieder auszuheilen. Die Rothkiefer vertritt den Laubwald auf den sandigkiesigen Böden, besonders granitischen im ganzen Bereiche der Zone fern von der Küste; sie mischt sich überall auf den sonnigen Hügelköpfen dem Laubwalde bei und gewinnt in Folge der Misshandlungen desselben durch den Menschen stetig an Terrain.

Die inneren Thäler der Berge, etwa nach Ueberschreitung der zweiten oder dritten Vorbergkette, da wo das Klima noch feuchter und konstanter feucht ist, wo im Sommer eine glühende Sonne auf die luft- und bodenfeuchte Landschaft herabsengt und in den Bergthälern Schutz gegen heftige und kalte Winde geboten ist, da entfaltet sich der Laubwald zu bei uns ungekannter Schönheit und Mächtigkeit, da gesellen sich ihm jene hervorragend werthvollen Nutzholzbäume bei, wie die

2*

Chamaecyparis obtusa, pisifera, Thujopsis, Thuja, Sciadopitys,
für die der Laubwald die schützende Mutter in der ersten
Jugend und die Erzieherin zu werthvollen Gliedern des Waldes
im späteren Alter ist. Reine Bestände von diesen Holzarten
sind in grösserer Ausdehnung nicht zu finden; die *Thujopsis*
an der Nordküste Japans möchte ich hiervon ausnehmen; sie
vertritt an den beiden Nordspitzen der Hauptinsel den Laubwald in diesem ausserordentlich luftfeuchten Gebiete fast ganz.
All' diese Nadelhölzer ertragen den Entzug des Lichtes lange
Zeit; die im Schatten des Laubwaldes keimende Pflanze entwickelt sich äusserst träge, freilich auch geschützt gegen alle
Gefahren; man rechnet, dass im Durchschitt 30—40 Jahre
nothwendig sind, um die Nadelhölzer mit ihrer Spitze auf das
Niveau der sie umgebenden Halbbäume des Lanbwaldes zu
bringen. Aber von da an ist die Entwicklung rasch, während
der bedrückende Laubwald für pfeilgeraden Wuchs und astreinen Schaft sorgt. Grosse Sommerwärme, grosse Feuchtigkeit
der Luft, ein mineralisch kräftiger, frischer Boden, gleichgiltig welcher geologischen Abstammung, das ist das Eldorado
für die Laubhölzer wie für die Cypressen; all' das bietet Kisso,
woher wohl aller von Japan bezogener Same von Waldbäumen,
die zweinadeligen Kiefern ausgenommen, stammt.

Die Momi-Tanne erreicht in der Zone der Kastanie ihre
optimale Entfaltung; das Auftreten der Buche, wie schon früher
erwähnt, bezeichnet ihre obere Grenze. Sie bildet wenige reine
Waldungen, höchstens Gruppen, gegenwärtig stehen meist die
ästigen, schlechtschäftigen Individuen isolirt dem Laubwalde
beigemengt; die gewaltigen Dimensionen freilich, die die Momi-
Tanne erreicht, nach meinen Messungen bis zu 46 m Höhe,
ersetzen etwas, was dem grobfaserigen, ästigen Material an
Werth gebricht. Sie hat keinen spezifischen Standort; in den
Bergen findet man sie auf Bodenarten von verschiedenster
geologischer Abstammung, nur auf dem Sandboden fehlt sie
mit ihren Begleitern den Laubbäumen, Im Innern der Berge
gesellt sich zu den Laubwäldern, vielfach dieselben durch reine
Bestände verdrängend, die Tsuga Sieboldii; wie ihre nordamerikanischen Verwandten erreicht diese Tsuge ihre volle
Entwickelung auf mineralisch kräftigen Böden, in engen Bergthälern, hart an den Gebirgsbächen; von den Subtropen an

streicht sie durch den ganzen Laubwald bis zum Auftreten. der Buchenwalduugen.

Wo die Kastanie bereits an Individuenzahl abnimmt, gesellen sich dem Laubwalde, beziehungsweise den vorgenannten Nadelhölzern zwei Kiefern bei, die in ihrer Biologie und ihrem Bau den Sektionen Strobus und Cembra nahe stehen; *Pinus Koreriensis* im Zentrum der Berge, zum Beispiel in Kisso, ist eine völlige Cembra, freilich allen übrigen Cembras in ihren Dimensionen sehr beträchtlich überlegen; sie ist nicht der unbedeutende Baum, für den man sie hält; sie erhebt sich in einem prächtigen, cylindrischen, astreinen Schaft bis zu 40 m; solche Dimensionen erreicht die *Pinus parviflora*, die eigentlich zwischen Cembra und Strobus steht, nicht Aus ihrer Verbreitung und aus ihrer Zugehörigkeit zur Sektion Cembra ergibt sich bereits, dass sie keine ausgesprochen sandliebenden Pflanzen, wie die Pinaster-Kiefern sind; zugleich, dass sie in ihrer Fähigkeit, Schatten zu ertragen, der Weymouths-Kiefer sich nähern.

Eine weitere Kiefer, die schon an der obersten Kastanienzone erscheint, aber erst innerhalb der Buchenregion am häufigsten auftritt, ist die japanische Weymouths-Kiefer *(Pinus pentaphylla)*; während *Pinus parviflora*, die nach der japanischen Bezeichnung als Mädchenzürbel zu verdeutschen wäre, auf den höheren Bergen von Schikoku, Kiuschiu und Honschiu lebt, also in Gebieten, die ihrer Waldflora in der Ebene entsprechend, zur subtropischen Zone zu zählen sind, erscheint die Weymouths-Kiefer vom 35⁰ an nördlich und selbst noch im südwestlichen Eso, also in Gebieten, die ihrer Waldflora in der Ebene entsprechend, zur Kastanienzone gehören. Von der Buchenregion aus greift diese Kiefer in einzelnen Individuen selbst in den Fichten- und Tannenwald über.

b. Die Buchenregion.

Diese Region hat zur unteren Grenze jene Linie, wo die Buche sum ersten Male auftritt; in Schikoku und Kiushu umfasst sie einen etwa 1000 m breiten Gürtel, nämlich von 1000—2000 m, wo die erste typische Vertreterin der kühlen Tannenregion, nämlich die Veitch-Tanne, erscheint. Im mittleren

.Japan kann man die Grenze auf 1800 m, im nördlichen auf 1500 m im Durchschnitte feststellen; dort im Norden fehlt die Veitch's Tanne, aber das Auftreten einer anderen typischen Tanne dieser Zone, der *Abies Mariesii,* kennzeichnet die Grenze. In Hokkaido liegen die Verhältnisse etwas eigenartig; im Süd-Westen steigt die Buchenregion bis etwa 500 m empor, wo eine dritte typische Tanne der kühlen Region, die *Abies Sachalinensis,* erscheint. Im ganzen östlichen Theile der Insel fehlt die Buche, dafür tritt eine Birke, *Betula Ermanni,* an ihre Stelle; dort ist in Folge der Nebelmassen, die der kalte Nord-Ost-Strom an der Küste anhäuft, diese kühler als das wenn auch etwas höher gelegene Binnenland; an der Küste tragen schon Erhebungen von kaum 100 m, ja kalte Sümpfe sogar schon unmittelbar an der Küste (wie auch im SW. von Hokkaido) die typischen Tannen oder Fichten.

Das Klima ist folgendermassen charakterisirt: während 4 Monaten 17° C., 81% relative Feuchtigkeit, 412 mm Regen, 8,6° Jahrestemperatur. Frost von Oktober bis Mai mit öfter — 25° C. in strengen Wintern.

Zahlreiche Landstriche des deutschen Tieflandes, die Rhein-, Main- und Moselebenen und die Thäler ihrer unmittelbaren Nebenflüsse zeigen zwar eine grössere Jahrestemperatur, aber, und das ist für die Pflanze das Entscheidende, die Sommertemperatur ist nicht höher, als in der obigen klimatischen Zusammenstellung; die tiefsten Temperaturen sind dieselben; aber sehr beträchtlich — um volle 10% — ist die relative Feuchtigkeit während der Vegetationsmonate in den deutschen Landschaften gegenüber den japanischen zurück. Von den übrigen Landschaften von Deutschland gehören alle jene Gebiete hierher, in denen die beiden Eichenarten wild wachsen, die Buche auftritt und endlich allein herrscht; wo diese mit Tannen oder Fichten Mischwaldungen bildet, findet der allmähliche Uebergang in die gemässigt kühle Zone statt.

Aus der Kastanienzone geht in diese Region über die Keáki nur in sparrigen, ästigen Individuen, dagegen in schönen Exemplaren noch die Magnolien, *Cercidiphyllum,* die Mandschurei-Esche, mehrere mit unseren Ulmen identische Arten,

nahe verwandte Linden, Ahorne, *Acanthopanax*, Balsam-
pappeln, Hainbuchen, Erlon, zahlreiche Birken, unter
denen die Maximovicz-Birke durch ihren vollendet walzigen
Schaft Königin ist; eine reichliche Menge von Halbbäumen und
Sträuchern, wie *Syringa, Evonymus, Viburnum, Hamamelis* und
viele andere finden in dem zumeist lockeren Schlusse ihr Fort-
kommen; mächtige Klettorpflanzen, wie *Actinidia, Vitis, Schizo-
phragma*, senden ihre bis schenkeldicken Stämme zu den Gipfeln
der Bäume empor, während dem üppigen, jungfräulichen Boden
riesige *Pesatites, Polygonum, Heracleum*, Farne entsprossen,
in deren Dickicht Reiter und Pferd verschwinden; aber alle
diese Bäume, Sträucher und Kräuter gedeihen wiederum am
besten in den wärmsten Lagen dieser Zone, auf kräftigen,
uralten Flussauen, in den tieferen Thälern der Mittelgebirge.
Nirgends in Japan, wo Laubhölzer sich finden, fehlt die Schma-
rotzermistel; auf den drei südlichen grossen Inseln befällt sie
besonders die *Castanea, Celtis, Prunus, Fagus, Tilia* und
andere; auf Eso aber ist ihre Lieblingspflanze die *Quercus
dentata*, deren Bestände sie öfters, besonders im SW., durch
die kürbisgrossen Anschwollungen an Schaft oder Aesten einen
hässlichen Anblick verleiht.

Auch dieser Laubwald würde mit seinen Eschen, Eichen,
Ulmen und anderen Nutzbäumen den deutschen Forstmann
und Holzhändler entzücken; hier in Japan hat er nicht den
Werth, den man vermuthen sollte.

Schuld an der geringen Ausnützung dieser Schätze ist
der fast gänzliche Mangel fahrbarer Wege in den Walddistrikten,
der Mangel an Zugkräften für schwere Stämme, der Mangel an
Sägmühlen — alles Holz in ganz Japan wird durch Hand-
sägen zu Brettern und Balken zerschnitten — endlich
der geringe Verbrauch; der Japaner liebt seine einstöckigen
Häuser, aus dem leichtesten und der vielen Feuer wegen auch
aus dem billigsten Materiale — *Cryptomeria* von 10- bis
20jährigem Alter — hergestellt; nur der Querbalken über
dem Eingang des Hauses, der sich meist der ganzen Hausfront
entlang erstreckt, ist ein grösserer, rechteckig beschlagener
Balken, der auf die hohe Kante gestellt wird; selten sieht man
hiezu ein Hartholz, meist wird Momitanne, *Cryptomeria*, Kiefer,
bei besseren Häusern *Chamaecyparis obtusa*, das die grösste

Dauer von allen Nadelhölzern besitzen soll, verwendet. In den
Häusern der Wohlhabenden dagegen, der Klöster und ganz
besonders in den Tempeln herrscht ein grosser Luxus in
schönen und seltenen, besonders gemaserten Hölzern; aber die
von Pilzen gefleckten, von Insekten und Muscheln durchbohrten
Holzstücke, Kröpfe, verzerrte oder von Schlingpflanzen ver-
drehte Stämme, die bei uns ins Brennholz wandern, erzielen
die höchsten für Holzwaare gezahlten Preise. In neuerer Zeit
haben die Eisenbahnen grösseren Absatz für Hartnutzhölzer
gebracht, für dessen sicher lohnenden Export ins Ausland,
wie nach China und in Bälde nach Westamerika, sich heute
noch kein Unternehmungsgeist regt. Einstweilen sind nur
schwächere Stämmchen des Laubwaldes gewinnbringend durch
die Pilz- oder Schwammcultur.

Von den Nadelhölzern, welche in der Buchenregion dem
Laubwalde sich beimengen oder ihn ganz vertreten, ist die
Rothkiefer *(Pinus demiflora)* zu nennen; tiefer in den
Bergen sind *Chamaecyparis, Thuja, Sciadopitys, Tsuga*, welche
noch Gross-Nutzholzdimensionen erlangen; aber da, wo die Holzarten der gemässigt-kühlen Region sich einstellen, die typischen
Fichten und Tannen, da bleiben sie kurz und forstlich belanglos;
die beiden Baum-Zürbeln und die japanische Weymouths-
kiefer haben in der Buchenzone ihr Optimum, ebenso *Picea
polita*, die keine reinen Bestände bildet, sondern nur einzeln dem
Laubwalde eingemischt erscheint; *P. bicolor*, häufiger als *P. polita*,
bildet reine und Mischbestände mit *Abies homolepis*, welch'
letztere Tanne nach oben hin, nicht selten mit *Abies umbellata*, an
Stelle der Momitanne tritt; nur in den wärmeren Lagen erwächst
die *Cryptomeria* zu forstlich noch benutzbaren Dimensionen.

4. Die gemässigt-kühle Region der Tannen und Fichten.

Mit dieser Zone treten wir in jene Tannen- und Fichten-
waldungen ein, welche klimatisch, forstlich und floristisch
unseren deutschen Hoch- und Mittelgebirgs-Nadelwaldungen
entsprechen, in Japan aber oberhalb der Momiwaldungen, in
den höheren Bergen liegen, wo daher auch der Uebergang aus
der vorigen in diese Region viel schneller ist als bei uns in
Deutschland und den nach Osten angrenzenden Gebieten, in
denen vielfach Nordseiten von Bergen schon Fichten oder

Tannen, Südseiten dagegen noch Laubholz tragen, wo ausgedehnte Mischwaldungen die klimatischen Zwischengebiete erfüllen; solche Bilder weisen nur die nordischen Inseln Eso und Sachalin auf.

In Kiushu ist dieses Waldgebiet gar nicht vertreten; in Shikoku trägt der höchste Berg der Insel, der Ishitzuchiyama mit 2000 m Erhebung, an seinem Gipfel ein paar Hundert Veitch-Tannen *(Abies Veitchii)*; im mittleren Hondo (Hauptinsel) beginnt diese Zone etwa bei 1800 m und reicht bis 2500 m. Bei dem völligen Mangel an meteorologischen Stationen in den Bergen Japans*) ist das Klima nicht genau zu fixiren; nur die Ostküste von Eso ist bekannt; das Klima dort zeigt während der Monate Mai bis August inklusive 15° C.; Jahrestemperatur: 7°; darnach kann man der Nadelwaldzone ein Klima von 12—15° C. im Sommer und 4—7 ° Jahrestemperatur berechnen, Zahlen, die in Amerika und Europa ihre Stütze finden; die erwähnte Ostküste von Eso hat während der obigen Vegetationsmonate eine Luft mit vollen 88 % relativer Feuchtigkeit; es ist wohl das nebelreichste, luftfeuchteste und dabei regenärmste Gebiet von ganz Japan (nur 306 mm Regen während der gleichen Zeit). In den Bergen ist die Luft kaum trockener, jedenfalls aber sind die Niederschläge grösser.

Nach dem Vorkommen von Fichten oder Tannen in ursprünglicher natürlicher Verbreitung ist in Deutschland und den angrenzenden Ländern die klimatische Parallele leicht zu finden.

Auf die hohen Berge mit raschem Wechsel der Standorte und deren Faktoren beschränkt, kann es nicht wundern, dass die Fichten- und Tannenwaldungen Japans, von Eso vielleicht abgesehen, unseren deutschen Nadelholzwaldungen (die Kiefern gehören grösstentheils zur Laubholzregion!) weder in Ausdehnung, noch in Höhe und Reinheit der Schäfte, in Wachsthumsleistung noch im forstlichen Werthe gleichkommen.

Daran sind aber keineswegs die Holzarten an sich schuld, sondern die geringwerthigen Standorte und vor Allem die heftigen, die Berge hinauffrasenden Süd- oder Nordstürme; die Luftbewegung ist in Japan eine ausserordentlich gewaltthätige und häufige; gegen diese geschützt (Bergthäler), oder ausser-

*) Seit 1890 sind Binnenlandstationen eingerichtet.

— 26 —

halb der Sphäre ihrer grössten Heftigkeit (Hokkaido) erheben sich in unberührten Waldungen die japanischen Fichten und Tannen zu Dimensionen, wie sie auch unsere deutschen Verwandten einstens, im Urwaldzustande, erreichten.

Auf Hondo sind die wichtigeren Holzarten dieser Zone wohl die Tsuga *(Tsuga diversifolia)* und die Lärche *(Larix leptolepis)*; letztere bevölkert mit Vorliebe die rezenten, aus Augitophyren aufgeschütteten Vulkane und fehlt den meisten Urgebirgsstöcken; sie betritt die Insel Eso nicht; auf den Kurilen erscheint eine zweite Lärche *(Larix Kurilensis)*. Eine Fichte *(Picea Hondoensis)* bildet mit 1 oder 2 Tannen *(Abies Veitchii* und *A. Mariesii)* Mischwaldungen im mittleren Japan, einstweilen werthvoller durch den Schutz des Bodens gegen Abrutschung und Abwaschung, als durch den Nutzen ihres Holzes; die beiden Fichten von Eso *(Picea Ajanensis* und *Glehnii)* sind jedoch zusammen mit der dortigen Tanne *(Abies Sachalinensis)* die wichtigsten Grossnutzholzproduzenten der Insel, die schonungslos, wo immer man sie fassen kann, herausgearbeitet werden. Wo Ueberfluss an Wald vorhanden und die Bevölkerung noch spärlich und unstet, wie in Nordamerika, auf Eso, da kann man noch heute lernen, was auch einmal, in früheren Jahrhunderten, das Schicksal des heute vielgepriesenen deutschen Musterwaldes war; aber heutzutage sollte, im Interesse der zukünftigen Generationen, wenigstens das sinnlose, das verbrecherische Vergeuden der Waldschätze in Holz und Boden durch Niederbrennen, insbesondere in den Bergen mit allen Mitteln verhindert werden.

Ueber den Tannen und Fichten erhebt sich in Centraljapan ein nur schmaler, auf den Kurilen aber 1000 Meter breiter Gürtel eines Strauchwaldes, welcher

5 die alpine oder kühle Region der Krummholzkiefer

darstellt. Auf die höchsten Bergspitzen des Reiches beschränkt, fehlt die typische Vertreterin dieser Zone, die *Pinus pumila*, an vielen Bergen, z. B. auf dem über 13,000 Fuss hohen Fujiyama, ganz; dort bezeichnet das Ende des Baumwuchses ein Gestrüppe von Lärchen, die ihre geringen Dimensionen dem Boden, ihre Krummholznatur aber bloss dem heftigen Winde verdanken. In Eso, Sachalin, der Mandschurei, Sibirien und

den Kurilen herrscht die japanische fünfnadelige Latsche in
reinen Wüchsen über grosse Flächen hin; wo der Schluss
unterbrochen, nesteln sich typische alpine Laubholzsträucher,
wie *Alnaster, Arctostaphyllos, Ledum, Vaccinum uliginosum*
u. a. den Latschen bei. Erwähnt sei hierbei eines pflanzen-
geographischen Unikums, das ich bis jetzt an mehreren Orten
Japans beobachten konnte, nämlich des Auftretens der
alpinen Flora mitten im wärmeren Nadelwalde,
ja selbst innerhalb der Buchen- und Eichenzone
bis zum Beginne der Kastanie, und zwar nur an
noch heute aktiven Schwefelvulkanen und Sol-
fataren. Bald überkleidete die alpine Flora einen Hügel,
der von dampfenden Spalten zerklüftet war, bald nur ein paar
Hektar um ein brodelndes, heisses Schwefelwasserbecken herum;
das kühle Klima kann wahrlich nicht Ursache sein, denn aus
vielen Spalten entquoll eine Luft, die schon durch ihre Temperatur den Athem benahm; das Klima ist für jeden Fall
wärmer als das des darüberliegenden Laub- oder
Nadelwaldes.

Wie die Holzarten und mit denselben halten auch ihre
Bewohner, die Insekten und Pilze gewisse Zonen ein,
viele derselben streichen von Europa über Sibirien
und die Mongolei nach Japan; der Schaden ist besonders, was die Insekten betrifft, nicht gering. Im Jahre 1887
brachte ich Herrn Professor Döbner in Aschaffenburg eine
Flasche voll Forstinsekten mit, die ich während meiner ersten
Reise in Japan von Ende Januar bis Ende August 1886 gesammelt hatte; Professor Döbner schrieb schon nach wenigen
Tagen zurück: „Ich bin überrascht über die grosse Zahl von
mit unseren Käfern identischen Arten"; inzwischen habe ich
noch eine grössere Zahl identischer Insekten-Arten beobachtet.
Die folgenden sind die wichtigeren aus einem grösseren Ver-
zeichnisse. *Cicindela campestris, silvestris; Clerus formicarius,
Myrmecoleon, Curculio Pini, Pissodes notatus, Hylurgus pini-
perda, Hamaticherus Heros, Gastropacha pini, Ocneria dispar,
Retinia buoliana, Lophyrus pini, Chermes viridis.* Von den
Pilzen fallen viele durch die Massenhaftigkeit ihres Auftretens
in die Augen; aber nur wenige sind merklich schädlich, sind
doch ihre Wirthspflanzen selbst heute noch nur geringwerthig

und die werthvollsten Holzarten, wie *Cryptomeria, Chamae-cyparis, Thujopsis* und andere haben fast gar keine Pilz-parasiten.

Mehr des wissenschaftlichen Interesses wegen erwähne ich hier einige der auch in Deutschland, wenigstens in der Literatur, bekannteren Pilze. An den zweinadeligen Kiefern ist *Aecidium Pini* (*Coleosporium*) allgegenwärtig, **schädlich** ist aber insbesondors das schon an anderen Orten erwähnte *Aecidium giganteum*, das bis ½ m Dicke Beulen an Schaft und Aesten der Kiefern im ganzen wärmeren Japan hervor-ruft; dabei ist es das vom Pilz beeinflusste Kambium, das die abnormen pathalogischen Holzmassen produzirt, nicht die Ueber-wallung von Seiten des gesunden Kambiums. *Aecidium elatinum* erzeugt Hexenbesen an allen Tannen, *Aec. strobilinum* ist an den Zapfen wohl aller Fichten, *Chrysomyxa Rhododendri* (*Aecid abiet.*) an den Fichten, *Calyptospora Goeppertiana* (*Aec. columnare*) an Tannen und der Preisselbeere, *Trichosphäria parasitica* auf den Dickichten aller Tannen, *Trametes Pini* an Fichten, *Polyp. fulvus* an allen Tannen, *Polyp. igniarius* an Buchen und Kirschen, *P. laevigatus* und *betulinus* an allen Birken, *Agaricus mellens* an den Stöcken verschiedenster Holzarten; *Exobasidium* an Rhododendron und Kamellien, *Exoascus* in zahlloser Menge an Kirschen, Erlen, Eichen, Weiden und Birken; *Hysterien* an Fichten, Tannen, zwei- und fünfnadeligen Kiofern und viele andere. Man kann ahnen, in welcher Menge, welcher Ueppigkeit die Pilze gedeihen, wenn man bedenkt, dass ganz Japan ein einziger, grosser Feuchtraum ist, in welchem die herrlichsten Pilzkulturen gelingen, wenn man die botreffenden Objekte einfach in's Freie legt, indem während des Hoch-sommers beim Südwestmonsun alles, was der Mensch anfasst und mit Schweiss betupft, schimmelt und der Modergeruch aus den Kleidern, aus dem Hause erst verschwindet, wenn im Herbste die trockenen Nordwinde einsetzen.

II. Die Anbaufähigkeit und der Werth der japanischen Holzarten für den deutschen Wald.

Keine Baumart japanischen Ursprungs ist in Deutsch-land schon solange in Kultur, dass mit Sicherheit ihr Auf-wachsen zu einem Nutzbaume konstatirbar wäre; einstweilen

beziehen sich fast alle Erfahrungen über japanische Waldbäume
nur auf junge Exemplare, von denen wiederum die Mehrzahl
in botanischen Gärten stehen, wo sie, nach den Verwandt-
schaften des natürlichen Systems geordnet in die unnatürlichsten
Lebensbedingungen gerathen können. Dass die dort gesammelten
Erfahrungen nur zum kleineren Theile für den Wald benützbar
sind, bedarf keines Beweises. Mit Sicherheit kann man die
Anbaufähigkeit oder Nichtanbaufähigkeit von keiner Holzart
a priori ohne Versuch behaupten; es ist nur im hohen Grade
wahrscheinlich, dass Waldbäume, in den Wald eines fremden
Landes gebracht, dort gedeihen werden, wenn ihnen
die gleichen oder doch möglichst gleichenden klimatischen Bedingungen wie in der Heimath geboten
werden, wenn sie also in die gleiche Vegetationszone, in der sie in der Heimath zu Nutzbäumen aufwachsen,
verbracht werden. Für Deutschland kämen somit für die
wärmsten Lagen, Wein- und Tabakgegenden*), die Bäume
des südlichen, gemässigt warmen Laubwaldes, der japanischen Kastanienzone, in Frage; für die übrigen Laub-
holzgebiete von Deutschland erscheinen erst die Bäume der
kühleren Buchenregion Japans anbaufähig; wo Fichten und
Tannen in Deutschland auftreten (in natürlicher Verbreitung),
könnten auch die entsprechenden japanischen Verwandten
erzogen werden. Nicht aber darf man dabei vergessen, dass
der japanische Sommer wärmer ist und länger dauert als der
deutsche; Frost im September ist in Japan völlig
unbekannt innerhalb aller Zonen bis zur Tannen-
und Fichtenregion; im Oktober treten die ersten, im
Mai die letzten Fröste in der Buchenregion auf; im November
und im April sind in der Kastanienzone die ersten bezw.
letzten Fröste zu erwarten. Die Bäume der Kastanienzone
erwachen schon Anfangs April, jene der Buchenzone Ende
April bis Mitte Mai aus dem Winterschlafe, Bäume der ersteren
Zone, nach Deutschland versetzt, werden daher stets in Gefahr
sein ihre ersten Blätter und Triebe durch Frost zu verlieren,
da es ja für eine Pflanze sehr schwierig ist, die langangewohnte
Vegetationsdauer abzukürzen, also für ein fremdes Klima frost-

---

*) Standorte, die für Weinbau passen oder, wenn der Boden
geeignet wäre, klimatisch passen würden.

hart zu werden, sich für ein fremdes Land zu akklimatisiren. Die Frostgefahr, wie jene der Vertrocknung wird gesteigert, wenn die relative Feuchtigkeit des neuen Standortes geringer ist als die der Heimath der anzubauenden Holzart.

Die relative Feuchtigkeit, deren hochwichtiger Einfluss auf die Existenz der Wälder, ihre Vertheilung auf der Erde, auf die Verbreitung der Holzarten innerhalb der Waldungen, auf die gesammte Höhenentwicklung derselben, auf das Höhenwachsthum der einzelnen Bäume, auf die Widerstandsfähigkeit einer Pflanze gegen Frost und Hitze, auf die Verdunstung einer Pflanze und dementsprechend auf ihre Ansprüche an den Feuchtigkeitsgrad des Bodens, auf die Schnelligkeit der natürlichen Reinigung von Aesten und Aststummeln, auf das Wachsthum der Pilzfeinde einer Holzart und andere Erscheinungen im Leben des Baumes nicht genügend gewürdigt wird, ist in Deutschland mit Ausnahme der höheren Bergregionen und der unmittelbaren Meeresküste wohl überall während der vier Hauptvegetationsmonate, Mai — August sehr beträchtlich, 10—20% geringer als in Japan. Will man daher die japanischen Holzarten mit Aussicht auf Erfolg kultiviren, so sind, für die Laubhölzer wenigstens die wärmsten Lagen innerhalb grösserer Waldgebiete, der beste Boden zu wählen; seitliche Bedrückung ist nöthig; ja vielfach wird man selbst den Pflanzen eine etwas feuchtere Unterlage geben müssen als sie in ihrer Heimath bei der beschränkteren Verdunstung bedürfen. Die absolute Regenmenge selbst dürfte in Deutschland für die japanischen Holzarten überall genügen; aber eine Woche ohne Regen während des Hauptwachsthumes kommt in Japan nicht vor.

Dagegen ist der japanische Winter eine trockene Jahreszeit, in der oft wochenlang jeder Regen fehlt. Setzt aber dann plötzlich einer der in heftigen Stössen auftretenden Monsune ein, dann wirbelt ein wahrer Samum von Blättern, Sand und Feinerde durch die Luft, bis endlich ein heftiger Regenguss die braunen Wolken zu Boden schlägt.

In den Thälern der inneren Berge, fernab von der Küste, im Eldorado der japanischen Laubholzwaldungen ist die Sturmgefahr kaum grösser als in Deutschland, da erst sieht man die Pflanzen in ihrem normalen Zustande, während an der

Küste und an freien Lagen die häufigen Stürme das junge
Laub zerfetzen, die Aeste brechen, die Kronen der Bäume
zur Seite wehen. Pflanzt man in diesen Lagen einen nur
über 6 Fuss hohen jungen Baum, so muss man ihn mit
3—4 kräftigen Bambusstützen sichern; ein Pfahl wie bei
uns in Deutschland genügt hier nicht, mit ihm würde die
Pflanze bald nach Nord, bald nach Süd sich legen und das
ist alles noch normaler Monsun, kein Taifun.

Ein mässiger Taifun wirft auf seiner Bahn nur wenig
Bäume zu Boden, meist solche mit faulen Wurzeln oder an-
brüchigem Kerne, also von Pilzen zerstörte Exemplare; aber
an allen Bäumen hat der Orkan an der Angriffsseite Aeste
und Blätter halb abgedreht, die verdorrend an den Bäumen
verbleiben, ein Anblick als hätte ein heisser Luftstrom von
einer Seite her versengend über die Vegetation hinweggefegt.
Was Widerstandskraft der japanischen Holzarten gegen Wind
betrifft, hat man in Deutschland nicht besorgt zu sein.

Nach den Erwägungen des vorausgehenden Abschnittes
scheint eine grosse Anzahl japanischer Holzarten im deutschen
Walde anbaufähig zu sein; ihre Zahl verringert sich jedoch
sehr beträchtlich, wenn man, was mit gutem Rechte geschehen kann, von der Liste der unbaufähigen alle nicht anbauwürdigen streicht und zu diesen zähle ich alle japanischen
Baumarten, deren Gattung bereits im deutschen
Walde vertreten ist. Keine der japanischen Eichen,
soweit sie in Deutschland anbaufähig sind, übertrifft eine der
mitteldeutschen Eichen weder in Holzgüte noch in waldbaulichen Eigenschaften; ja in allen Fällen, in denen in Deutschland Eichenholz angewandt wird, nimmt man in Japan das
Holz der Keáki; erst in neuester Zeit werden Fässer theilweise
auch aus Eichenholz hergestellt. Unter den Buchen, Birken,
Ahornen, Eschen, Ulmen, Erlen, Weiden, Pappeln
kann ich keine einzige finden, die irgend etwas vor den be-
treffenden deutschen Verwandten voraus hätte. Vergleicht
man die Lebensgeschichte, die waldbauliche Entwicklung der
japanischen Nadelhölzer mit den in Deutschland heim-
ischen Verwandten, so kommt man zu dem Resultate, dass
auch keine der japanischen Fichten, Tannen, Lärchen,
keine der zweinadeligen Kiefern irgend einen begehrens-

werthen Vortheil besitzt *); bei Gleichheit im Werthe
haben selbstredend die einheimischen Arten stets
den Vorzug den fremden gegenüber; denn bei letzteren, insbesonders den japanischen, ist es immer
noch zweifelhaft, ob sie überhaupt in Deutschland Nutzdimensionen erreichen; ziemlich sicher ist
wohl, dass alle japanischen Holzarten aus der Kastanienzone
(Momitanne, Schwarzkiefer, Cryptomerie, Keáki) die Dimensionen der Heimath in der Fremde nicht erreichen werden.
Unter den in Deutschland noch nicht vertretenen Laub-
holzgattungen erscheint empfehlenswerth:

1. die **Keáki (Zelkowa Keáki).**
Schon Rein hat angelegentlich diesen Baum zum Anbau
empfohlen und die deutschen Versuchsanstalten haben den
probeweisen Anbau bereits begonnen.

Die Keáki ist ausgezeichnet durch rasches Wachsthum
schon von den ersten Tagen ihres Lebens an; sie ist völlig
Lichtpflanze, entwickelt bei Beginn der Vegetationszeit (jüngere
Bäume in Japan etwa Mitte April, ältere Bäume Ende April)
zuerst einen kürzeren Trieb, auf den sodann später (in Japan
beginnt der Johannitrieb schon Anfang Juni) erst der Haupt-
längstrieb folgt. Die Triebe sind dünn, schief gestellt, vom
Winde leicht hin und her gepeitscht, eine Lieblingsspeise für
Hasen und Rehe im Winter. Leicht zu verpflanzen, geht der
der Baum im freien Stande frühzeitig in die Aeste; nur durch
künstliche Aufästung kann er dort zu einem schönen Schafte
gebracht werden. Im Schlusse mit anderen Holzarten, besonders
in dichtem Schlusse mit hohem Bambus, reinigt sich der Schaft
leicht von den Aesten. Man darf aber nicht vergessen, dass
in dem japanischen Walde die Reinigung von Aesten trotz des
leichteren Schlusses der Urwaldungen verhältnissmässig schnell
und leicht vor sich geht, da·bei der grossen Feuchtigkeit der
Luft die durch Lichtentzug abgestorbenen Aeste schnell von
Pilzen zersetzt und abgestossen werden. Es ist somit möglich,

---

*) Behufs detaillirter Angaben über Systematik, Verbreitung und
forstlichen Werth der japanischen Abietineen erlaube ich mir
auf meine eben erschienene Monographie (mit 7 kolorirten Tafeln) hin-
zuweisen. Tokio u. München, Rieger'sche Universitätsbuchhandlung, 1890.

dass wir dichteren Schluss geben müssen, um die Aeste zum Absterben zu bringen.

Das Holz des Baumes ist in seinen technischen Eigenschaften hier in Japan dem Holze der Eichen entschieden überlegen; anatomisch kommt es dem der Ulmen nahe. Die Kernfarbe des frisch gefällten Baumes ist hellbraun, bei Luftzutritt wird der Kern dunkelbraun. Die Grenze des 4 cm breiten Splintes und Kernes bezeichnet eine schön rosarothe Zone.

Das spezifische Gewicht aus mehreren von mir untersuchten Bäumen beträgt an jungen Exemplaren von etwa 20 bis 25 cm Durchmesser: frisch gefällt 107*), lufttrocken 80 und absolut trocken 75; es schwindet 5% bis zum lufttrockenen und 10% des frischen Volumens bis zum absolut trockenen Zustande. An alten, etwa 50 cm und darüber im Durchmesser haltenden Stämmen sinkt das entsprechende spezifische Gewicht auf 80, 50 und 45. Auffallend ist der hohe Wassergehalt des lufttrockenen Holzes und das starke Schwinden dieses und aller japanischer Hölzer hier in Japan vom lufttrockenen bis zum absolut trockenen Zustande. Der Grund liegt in der ausserordentlich hohen Feuchtigkeit der Luft; jenen Zustand des Holzes, den man in Deutschland lufttrocken nennt, kann man hier nur durch künstliche Austrocknung erzielen. Danach sind auch jene Angaben über japanische Hölzer, dass sie nicht schwinden, nicht reissen und dergleichen, zu beurtheilen. Aus dem lufttrockenen Holze der Keáki werden hier in Japan Teller und Gefässe aller Art gedreht, die hier in der That nicht im geringsten durch Risse oder Sprünge beschädigt werden. Bringt man aber solche in Japan gefertigte Gegenstände der Keáki, wie auch Bambuswaare, Holzmosaik und besonders Ummoregi (vorweltliches Holz)-Gegenstände nach Deutschland, wie ich dies im Jahre 1886 that, so trocknen und schwinden sie im Sommer und besonders im Winter im geheizten Zimmer, und des Krachens und Springens der werthvollen „Curio" ist kein Ende.

Die Keáki ist im deutschen Laubwaldgebiete, und zwar im Walde, wohl stets frosthart. Auf vom Winde gepeitschten,

*) Wasser = 100.

8

baumarmen, freien Lagen mag sie erfrieren. Wie mir Herr Graf von Knyphausen in Ostfriesland brieflich mittheilt, ist dort die Keáki bereits in älteren Exemplaren vertreten, und das ist doch schon das Gebiet der Fichten und Tannen; freilich wird sie dort kein werthvoller Nutzbaum werden können. Auch im Reviere meines Vaters, in Grafrath bei München, wo bereits die Fichtenbestände 3/4 der Waldungen einnehmen und die Eiche in den wärmsten Lagen nur ein mässiger Nutzbaum wird, selbst da haben die Keáki im Walde den grimmigen Winterfrösten widerstanden. Auch in Japan auf der Insel Eso hat man vielfach die Keáki angepflanzt, somit in Oertlichkeiten, deren Klima, wie oben angedeutet, dem wärmeren Deutschland gleichkommt, wo Fröste von 25⁰ C im Winter, sowie Spätfröste im Mai durchaus nicht selten sind; aber dort — und das ist sehr beachtenswerth — bildet die Keáki selbst in mässigem Schlusse mit anderen Laubhölzern keinen Schaft, sondern zertheilt sich schon ein paar Meter über dem Boden in zahlreiche kräftige Aeste. Ob die Keáki in Deutschland das gleiche ungünstige Verhalten annehmen wird, können nur Versuche entscheiden; auf jeden Fall muss man ihr die wärmsten Lagen und besten Böden geben. Wächst sie dort rascher als unsere Eichen, mit einem schönen Schafte auf, dann wird sie Aufwand an Zeit und Geld gewiss lohnen.

Ein zweiter Laubbaum, den ich empfehlen möchte, ist die

2. **Magnolia hipoleuca**, japanisch **Hó-nŏ-ki.**

Dieser Baum steigt in seiner natürlichen Verbreitung höher an den Bergen hinauf als die Keáki und erreicht selbst in der Buchenregion, in den wärmeren Lagen in Eso noch stattliche Dimensionen, ausgezeichnet durch ausserordentliche Grösse der oval-eiförmigen Blätter, die eine Zierde von auffallender Schönheit sind, durch hellgraue, glatte, buchenähnliche Rinde, durch rasches Wachsthum von erster Jugend an liefert dieser Baum ein werthvolles Holzprodukt von frisch graugrüner, trocken olivengrüner, sehr schöner Färbung. Der Werth des Holzes liegt in seiner Elastizität, nicht in der Schwere; junge, bis zu 30 cm im Durchmesser haltende Bäume haben frisch gefällt ein spezifisches Gewicht des Holzes von 82, lufttrocken von 55 und absolut trocken von 52; an alten über 50 cm im Durchmesser zeigenden Bäumen sinkt das bezügliche spezifische

Gewicht auf 77, 50 und 58. Das Schwindeprozent von frischem
auf lufttrockenes Volumen beträgt 4 %, auf absolut trockenes
9 %. Vom Holze sagt man, dass es am wenigsten in Folge
von Witterungseinflüssen arbeitet; es dient desshalb besonders
für Reissbretter und als Unterlage für Lackwaare; es gibt
überdiess die feinste und theuerste Kohle. Bei der leichten Be-
arbeitungsfähigkeit des Holzes, das gewiss durch Poliren und
Beizen schöne Farbentöne zeigen wird, kann man dem Baume,
im Falle er bei uns in Deutschland erwächst, eine werthvolle
Rolle voraussagen. Im Schlusse bildet der Baum einen astreinen,
walzigen, leicht geschwungenen Schaft; die Magnolie ist Lichtholzart von der ersten Jugend an; verlangt seitliche Bedrängung und erwächst hier in Japan zu einem Baume erster Grösse
mit 30 m und darüber. Insbesondere schwierig scheint, wie
auch Rein bemerkt, die Keimung des Samens zu sein; es
wäre vielleicht gut, die fleischige, rothe Hülle um den Samen
zu belassen, oder den Samen, noch im Fruchtzapfen sitzend,
über Amerika — zur Vermeidung der Tropen — nach Europa
zu transportiren.

3. **Paulownia imperialis, Kiri**; dieser Baum ist in
Deutschland wohl bekannt und kommt als Nutzbaum wohl nur für
die Weingegenden Deutschlands in Frage; auf bestem Boden,
nach etwa 10 jährigem Wachsthum auf den Stock gesetzt, treiben
die Ausschläge ausserordentlich rasch empor; nur einer davon
darf aufwachsen; je rascher der Baum wächst, desto leichter,
zweckentsprechender wird das Holz; hier im luftfeuchten Japan
in warmen Lagen der Kastanienzone, erreicht der Baum mit
7 Jahren bereits 30 cm Durchmesser in Brusthöhe. Das Holz
ist hier für Kommoden, Kästchen, Schachteln etc. geradezu
unersetzlich; es ist ausserordentlich leicht, leichter als das
irgend eines japanischen Laub- oder Nadelbaumes, von einem
Gewichte im lufttrockenen Zustande, das an die Korkbäume
des tropischen Amerika erinnert; spezifisches Frischgewicht 75,
spezifisch. lufttrockenes Gewicht 25 und absolut trocken 21;
es schwindet bis zum lufttrockenen Zustande um 8,5 %, von
da an bis zum absolut trockenen Zustande noch um 3,5 %.
Diese letztere Zahl ist für japanische Feuchtigkeitsverhältnisse
auffallend gering und zeigt, dass das Holz, wenn einmal an der
Luft ausgetrocknet, in der That ausserordentlich wenig mit den

3*

Veränderungen in der Feuchtigkeit der Luft sich ändert, eine bei Kästen mit Schiebfächern gewiss hochwillkommene Eigenschaft; dabei hält der widerliche Geruch des Holzes alle Insekten ferne. Andere empfehlenswerthe Laubhölzer reihen sich hier an, ohne jedoch durch die Reihenfolge den etwaigen Werth für den deutschen Wald zu bezeichnen.

4. Cladrastis Amurensis, japanisch Inu-Enschu. Wo in Deutschland die Stieleiche gedeiht, darf man auch die Anbaufähigkeit dieses Baumes erwarten, und der Baum verdient den Anbau durch sein vorzügliches Holz. Von Jugend auf Lichtholzart und rasch wüchsig, deckt den Baum eine völlig glatte, braungrüne Rinde, die erst im hohen Alter durch eine rauhe Borke ersetzt wird. Auf den hellgelben, 0,4 cm breiten Splint folgt ein schön rothbrauner Kern von 62 spezifisch. absolutem Gewicht, welcher Ton sich an der Luft und im Lichte vertieft. Auf Eso insbesonders verbreitet, ersetzt sie dort für viele Zwecke das Keákiholz. Jedenfalls ist der Baum eines grösseren Versuches werth.

Ganz gewaltige, massige Bäume werden im wärmeren Buchen- beziehungsweise Birkenwalde Nordjapans, insbesondere in Hokkaido, die

5. Hárigiri (Nadelkiri), das ist Acanthopanax ricini-folium, und

6. Kádsúra, das ist Cercidiphyllum Japonicum; auf frischem, kräftigem Boden, in warmen Flussthälern, erreichen sie auf der Insel Eso beide noch 30 m Höhe mit astlosem Schafte von 13 m Länge. Das *Kádsúra*-Holz wird im Norden etwas genutzt, das *Hárigiri*-Holz kaum; aber diese Werthschätzung kann für uns nicht massgebend sein; werden doch in Japan, insbesondere in Eso, wegen Mangel an Absatz die schönsten Schäfte der Eichen, Eschen, Ulmen, Ahorne dem Zahne der Zeit, das heisst den Pilzen überlassen.

Acanthopanax, mit grossen, ricinusähnlichen Blättern, ist ein Zier- und Schattenbaum allerersten Ranges; von dieser hervorragenden Eigenschaft abgesehen, liefert der Baum ein zwar übelriechendes, aber sehr hartes Holz; spezifisches Frischgewicht 84, lufttrocken 56, absolut trocken 50. Die *Kádsúra* mit kleinen, rundlichen Blättern, die zweizeilig angeordnet sind, treibt in den folgenden Jahren die Blattachselknospen zu

Kurztrieben mit nur je einem Blatte aus, so dass der zwei-
und mehrjährige Zweig wieder täuschend dem einjährigen
ähnlich ist. Der Baum zeigt grosse Neigung zu Stockaus-
schlägen, die noch am lebenden Baume, am Wurzelstocke erscheinen und ebenfalls zu Nutzbäumen, zu einer innig ver-
bundenen Familie von Baumriesen, aufwachsen können.

7. **Prunus Shiuri (Schiúri)** ist ein zur Gruppe der
Traubenkirschen gehöriger Baum Hokkaidos, ausserordentlich
raschwüchsig und von tadellosem Schaftbau, wie eine
Tanne. Dekorativ durch die grossen Blätter, bildet diese Kirsche
ein Holz, das dem der europäischen Verwandten nicht nachsteht,
weder in Schwere, noch in Farbe; ausgezeichnet durch die
Eigenthümlichkeit, dass die Rinde in keinem Alter des Baumes
kirschenähnlich ist, sondern kleinschuppig grau wie die Hok-
kaidofichte (*Picea Ajanensis*), wird diese Traubenkirsche ein
hoher Baum; wo in Deutschland die Eiche wächst, dürfte sie
sich auf gutem, frischem Boden heimisch fühlen.

8. **Pterocarya rhoifolia, Sawa-** oder **Kawagúrúmi**
(Fluss-Wallnuss) empfiehlt sich für Deutschland durch sein ganz
spezifisches Auftreten an Bach- und Flussufern, oft im Schotter
stehend und von Hochwässern umfluthet; nicht durch die
Früchte, die kleine, geflügelte Nüsse in lang herabhängenden
Aehren darstellen, sondern durch das Holz, das ein spezifisches
Frischgewicht von 107, ein lufttrockenes Gewicht von 63 und
absolut trockenes Gewicht von 58 besitzt, erscheint der Baum
für Deutschland begehrenswerth, und zwar nur an rezenten
Alluvionen, wie sie heutzutage durch Flusskorrektionen gewonnen
und allmählich den Hochwassern entzogen werden.

9. **Phellodendron Amurense (Kiwáda)** ist ein Baum,
der in allen seinen Theilen einen unangenehmen Geruch besitzt. Im Buchenwalde von Eso noch von sehr stattlichen Dimensionen, zeigt der Baum eine auffallend reiche Korkbildung in
der Rinde; es verdient geprüft zu werden, ob durch rationelle
Ausnützung dieser Eigenschaft, ähnlich wie der Kork der Korkeiche gewonnen wird, nicht der Kork verfeinert und in seiner
Dicke gesteigert werden kann. Ein Kork liefernder Baum,
der im deutschen Laubwalde aufwächst, könnte ein Nutzbaum
ersten Ranges werden.

Hieran mögen sich zwei japanische Sträucher anfügen,

nämlich *Lindera praecox, Aburatscha* oder Oelthee, so genannt wegen den theeähnlichen Früchten, aus denen Brennöl gewonnen wird. Dieser Strauch, zu den Lorbeergewächsen gehörig, dürfte seiner Früchte wegen die Einführung lohnen, mit der Absicht, dass seine Kultur später einmal aus dem Walde auf die Hecken und Zäune der landwirthschaftlichen Gelände sich hinüberzieht. Ganz das Gleiche gilt von dem zweiten, dem ersten verwandten Strauche, *Lindera sericea, Kuromötschi*, der in Ostasien sämmtliches Holz für Zahnstocher liefert: an diesen wird ein Theil der wohlschmeckenden schwarzen Rinde belassen; dabei hat das Holz die gewünschte Zähigkeit.

Unter den im deutschen Walde nicht vertretenen Nadelholzwaldungen wären folgende Arten bemerkenswerth:

Die Gattung **Chamaecyparis** ist in Japan mit zwei Arten vertreten, von denen wiederum

10. **Cham. obtusa, Hínŏki,** der Feuerbaum, weitaus die werthvollste ist. Wie alle Cypressen besitzt auch diese ein sehr dauerhaftes, weiches, feingefügtes, leicht zu bearbeitendes Holz. Im Durchschnitt zeigt dasselbe an jüngeren Bäumen frisch gefällt (Splint) ein spezifisches Gewicht von 68, lufttrocken von 41, absolut trocken von 37; an alten Stämmen 65, 40 und 32. In seltenen Fällen erreicht der Baum hier 48 m, häufig sind 40 m Höhe. Er gehört der Kastanien- und Buchenzone an, wo er theils einzeln, theils gruppenartig, ja selbst in reinen Beständen, besonders bei starkem Bambusunterwuchse, aufwächst. Längere Zeit bei Lichtentzug vegetirend verlangt er zu schöner Schaftbildung seitliche Bedrängung. Gleiches gilt von

11. **Chamaecyparis pisifera, Sáwăra,** die jedoch ein viel geringwerthigeres Holzprodukt liefert und überdiess noch etwas wärmere Lagen als *Hinŏki* beansprucht; in der Höhenentwicklung steht sie der *Hinŏki* kaum nach. An diese beiden schliesst sich in ihrer Biologie, ihrem waldbaulichen Verhalten enge an die

12. **Thujopsis dolabrata, Hiba,** die aber auch noch mit Boden mit stark sandiger Beimengung, etwa Kiefernboden II bis III Bon. sich begnügt, während die beiden vorerwähnten Cypressen nie Sandboden, stets frischen, mineralisch kräftigen

Gebirgsboden beanspruchen. Im Uebrigen sei erwähnt, dass ich weder in Amerika, noch in Japan und in Indien eine Cypressenart kennen lernte, die mit Kiefern zusammen Bestände bildete. Mehr noch als *Hinöki* ist *Hiba* Schatten ertragend, in Folge dessen selbst die dicht geschlossenen, reinen Hochbestände im Norden der Hauptinsel noch eine dichte Jugend von *Hiba's* als Bodenbedeckung tragen. Holz mit sehr starkem Geruche von grosser Dauer, aber geringem spez. Gewichte (38). Mit vollem Rechte wurde auch

13. **Thuja Japonica, Nézüko** empfohlen, da sie werthvoller als *Thuja gigantea* von Nordamerika erscheint; denn sie bildet nicht die abfällige, neiloidartige Schaftform, wie die amerikanische Verwandte; im Uebrigen schliesst sie sich in ihrer Biologie so nahe an diese an, dass ich auf die Angaben über letztere in meinen „Waldungen von Nordamerika" verweisen kann.

14. **Sciadopitys verticillata, Koyámäki** muss man trotz der Langsamwüchsigkeit empfehlen; nebenbei sei bemerkt: der Baum ist monözisch und die Fruchtreife erfolgt im zweiten Jahre; seine Heimath sind die Berge, ferne von der Küste, die obere Region der Kastanie und die der Buche. Alle Angaben in der Literatur über Vorkommen an oder in der Nähe der Küste beziehen sich allein auf gepflanzte Exemplare. Der Werth des Holzes ist von Rein hervorgehoben worden; ich denke, dass der Baum im Walde, wo die Eiche in Deutschland gedeiht und Nutzholz gibt, völlig frosthart sein sollte; ganz stattliche Exemplare stehen z. B. bereits in Boston, wo doch Wintertemperaturen von — 25° C auch keine Seltenheit sind. Die junge, etwa bis ins 12. Jahr äusserst trägwüchsige Pflanze erträgt Schattenentzug längere Zeit; aber auch im besten Längenwuchs überschreitet der Jahrestrieb nicht 30 cm.

Auch 15. **Cryptomeria Japonica, Sugi** wurde zum Anbau empfohlen; mehrfach habe ich erwähnt, dass sie in Japan selbst noch unter den Buchen werthvolle Dimensionen — bis 30 m Höhe — erreicht. In Bezug auf Güte und Verwendung des Holzes, Wachsthum und Pflanzung hat Rein so zutreffende und so absolut zuverlässige Angaben in seinen Werken „Japan I. und II. Band" hinterlegt, dass ich denselben hier kaum etwas hinzufügen kann.

Im Walde dürfte die *Sugi* auch in Deutschland frosthart

sein; denn da, wo das Gros der Cryptomerien-Bestände, aus
natürlichem Aufwuchse entstanden, liegt, unter dem 40.⁰ NB.,
sind Fröste von — 20 ⁰ bis — 25 ⁰ C im Winter durchaus
nicht selten, und oft genug zerstört dort ein Spätfrost Ende Mai
die für die Seidenraupe unentbehrlichen Maulbeerblätter. Auf
Eso, wo *Cryptomeria* fehlt, in einem Landstriche, der klimatisch
den deutschen tieferen Flussthälern sehr nahe kommt, hat man
die *Sugi* gepflanzt; sie hat in 90 Jahren 28 m Höhe und
70 Durchmesser erreicht; der astlose Schaft hat 14 m Länge.
Solche Dimensionen dürften wohl auch bei uns zu erhoffen
sein. Dass der grosse Verbrauch an *Sugi*-Holz zum Theil den
gewaltigen Dimensionen der *Sugi* und ihrem Aufwachsen in
der Nähe der dicht bevölkerten Ebenen und Küsten zuzuschreiben ist, ist nicht zu läugnen; gleiches gilt ja auch für
europäische und nordamerikanische Nutzbäume; mit letzteren
wetteifert die *Sugi* in ihren Dimensionen. Nach meinen
Messungen erreicht sie 68 m bei 2 m Durchmesser; Stämme
von über 60 m weiss ich einige Dutzende im Lande zerstreut.

Das Gewicht des Holzes von etwa 30jährigen Bäumen
beträgt (als Durchschnitt mehrerer Stämme) Splint: frisch 70,
lufttrocken 38 und 36 absolut trocken; von 100jährigem:
Splint: 90 frisch, 42 lufttrocken und 40 absolut trocken;
Kern: frisch 50, lufttrocken 44 und absolut trocken 40; von
etwa 300 bis 400jährigen Bäumen: Splint: frisch 60, lufttrocken 30, absolut trocken 28. Daraus lassen sich hinsichtlich
des Verhältnisses des Holzes zu den bekannten europäischen
Holzarten einige Schlüsse ziehen.

16. **Tsuga diversifolia, Kométsŭga** erscheint allein von
den beiden japanischen Tsugen für das deutsche Klima passend;
Siebold's Tsuge kann nur da aufgezogen werden, wo die
Kastanie gut gedeiht. Die *diversifolia* bildet ausgedehnte,
reine Bestände, auch Mischwaldungen mit Cupressineen oder
selbst Tannen und Fichten; ihr Holz ist ziemlich schwer,
spezif. absolutes Gewicht 42, der Kern schmutzig gelb, sehr
dauerhaft; es ist in Japan hoch geschätzt, aber, der schwierigen
Transportverhältnisse wegen, auch theuer. Die Rinde, die reich
an Gerbstoff zu sein scheint, wird gegenwärtig noch nicht
verwendet.

17. **Pinus Koreensis** (Koreazürbel, **Tschosenmatzu**).

Das Holz dieses bis zu 40 m Höhe erreichenden Baumes ist sehr leicht (spezif. Gewicht im Durchschnitt 38) kommt also in seinen Vor- und Nachtheilen dem der Weymouthskiefer nahe; wo Eiche oder auch Buche wächst, sollte dieser Baum, der in seinem waldbaulichen Verhalten sich der Strobe nähert, anbaufähig sein. Neben der hervorragend dekorativen Schönheit dürften auch die grossen, essbaren Samen bei der Werthschätzung berücksichtigt werden.

18. Pinus pumila (Haimatzu). Diese Kriechzürbel kommt nur da in Frage, wo auch die einheimische Kriechkiefer wächst; sie übertrifft aber letzere an Nutzwerth dadurch, dass sie essbare Samen besitzt.

Damit ist nach meiner unmassgeblichen Ansicht die Zahl der in Deutschland anbaufähigen und zugleich anbauwürdigen Holzarten erschöpft.

Im Anschlusse hieran sei noch ein essbarer Pilz, der **Agaricus Shitake,** japanisch Schitäke, erwähnt; seine Heimath ist der wärmere und kühlere, blattwechselnde Laubwald; über seine Kultur soll im nächsten Abschnitte das Nöthige angegeben werden. Da, wo im deutschen Laubwalde geringere Dimensionen von Laubholz geringwerthig oder selbst werthlos sind, möchte vielleicht dieser saprophytische, also harmlose Pilz ein werthvolles Mittel sein, die Rente des Waldes zu erhöhen. Für grosse Distrikte des japanischen Waldes ist die Kultur dieses schmackhaften Pilzes die einzige Art der Forstbenutzung und dazu noch eine ganz rentable.

Als eine für alle japanischen Holzarten giltige Anbauregel möchte ich voranstellen, möglichst für Erhaltung der Feuchtigkeit der Luft zu sorgen durch Anbau der japanischen Holzarten mitten in grösseren Waldkomplexen, durch seitliche Bedrängung, dichteren Schluss, vielleicht auch durch etwas frischeren Boden als in der Heimath nothwendig ist. Man kann sagen, dass da, wo die japanischen Holzarten gedeihen, mit Sicherheit auch die westamerikanischen aufwachsen werden und dass da, wo letztere gedeihen, gewiss auch die ostamerikanischen sich erziehen lassen. Dagegen ist es sehr wohl möglich, dass da, wo die ostamerikanischen Holzarten noch gut wachsen, die westamerikanischen zwar noch bis zu Bäumen es bringen, die japanischen aber über die

ästige Halbbaumform kaum mehr emporzukommen vermögen —
aus Mangel an genügender Feuchtigkeit der Luft während der
Periode des Hauptwachsthumes. Setzt man z. B. die japanischen
Holzarten mit ihren Ansprüchen an die Feuchtigkeit der
Luft = 10, so erhalten die westamerikanischen 9, die ostamerikanischen 7; der deutsche Wald erhält etwa 9 an der Küste,
sowie im Hügel- und Berglande, 8 in den grösseren Ebenen;
waldlose Gebiete und grössere Blössen erhalten 8 an der Küste,
7 in grösseren Ebenen. Wohl kann eine Holzart noch im Gebiete einer der beiden benachbarten Nummern erzogen werden,
nicht wohl aber kann beim Anbau eine Feuchtig-
keitsnummer übersprungen werden; die Holzarten
von 10 sind noch in 9, nicht mehr aber in 8 oder gar 7
anbaufähig; ebenso sind jene von 9 nicht in 7 zu erziehen.

Die gleiche Gesetzmässigkeit gibt sich auch in dem An-
spruche einer Holzart an die Temperatur zu erkennen. Durch
Einreihung in Vegetationszonen und aus den Temperaturangaben derselben ergibt sich der Anspruch der japanischen
Holzarten an die Wärme. Auch hier kann man eine Holzart,
oft sogar mit finanziellem Vortheil in die benachbarte höhere
oder tiefere Zone verpflanzen, aber ein Ueberspringen einer
Zone zieht das Misslingen des Anbauversuches nach sich.
Setzt man die früher betrachteten Zonen, nämlich die
Tropen = 1, die Subtropen = 2, die Zone der Kastanie = 3,
der Buche = 4, der Fichte = 5, der Krumholzkiefer = 6,
so gedeiht z. B. die *Keáki (Zelkowa Keáki)* am besten in 3;
sie gedeiht noch gut in 2 und in 4. Versuche in Indien
beweisen, dass sie in 1 nicht mehr wächst; so wird sie wohl
auch in 5 nicht mehr Baum werden können. Ganz das Gleiche
gilt für die Momitanne; die *Cryptomeria* hat ihr Optimum
auf der Grenze von 2 und 3; sie wächst noch vortrefflich auf
der Grenze von 1 und 2 (Versuche auf Java!), wie auch noch
auf der Grenze von 3 und 4 (verwildert in Japan!); sie fallirt
aber mitten in 1 (Java), wie auch mitten in 4 (Ost-Hokkaido)
und wird somit in Deutschland, in die Region der Fichten und
Tannen verbracht (5), gewiss kein Nutzbaum werden können.

Auch aus dem Anspruche einer Holzart auf die Güte
des Bodens ergibt sich die gleiche Gesetzmässigkeit; gruppirt
man die Böden allgemein nach ihrem mineralischen Werthe,

so ist a = Lehm oder Thonboden, b = sandiger Lehm,
c = lehmiger Sand, d = Sandboden. Die *Cryptomeria* gedeiht am besten in b, noch gut in a und c, so gut wie gar
nicht in d. Es bedarf kaum eines Beweises, dass im klimatischen
Optimum (relative Feuchtigkeit und Wärme) und auf dem
optimalen Boden einer Holzart die massenreichsten und höchsten
Stämme mit dem besten (spezif. Gewicht und den damit
parallel gehenden Eigenschaften) Holzprodukte i n n e r h a l b
e i n e s B a u m a l t e r s (n a t ü r l i c h e s A l t e r) erwachsen
müssen.

Stellt man als k l i m a t i s c h e s O p t i m u m das C e n t r u m
des n a t ü r l i c h e n V e r b r e i t u n g s b e z i r k e s und als B o d e n-
o p t i m u m j e n e n B o d e n f e s t, a u f w e l c h e m d i e b e-
t r e f f e n d e H o l z a r t i h r e m a x i m a l e H ö h e erreicht;
bildet man ferner mit der Entfernung vom Optimum hinweg
Stufen, etwa wie sie oben angenommen wurden: so kann man
als einen f ü r a l l e H o l z a r t e n und ü b e r a l l g ü l t i g e n
S a t z behaupten, dass v o m k l i m a t i s c h e n u n d B o d e n-
o p t i m u m e i n e r H o l z a r t h i n w e g A n b a u f ä h i g k e i t,
s o w i e G e s a m m t-H ö h e n w a c h s t h u m, G e s a m m t-H o l z-
m a s s e und d u r c h s c h n i t t l i c h e s, s p e z i f i s c h e s G e-
w i c h t d e s H o l z e s i n n e r h a l b d e s n a t ü r l i c h e n A l t e r s
e i n e s B a u m e s n a c h d e r o b e r e n u n d u n t e r e n S t u f e
d e s V e r b r e i t u n g s b e z i r k e s h i n a b n e h m e n, u m i n
d e n d a r a u f f o l g e n d e n S t u f e n b i s z u r f o r s t l i c h e n
U n b r a u c h b a r k e i t herabzusinken. Es bedarf hier nicht
der Erwähnung, dass die Forstwirthschaft auch ausserhalb des
Optimums, nach unten hin sogar ausserhalb des natürlichen
Verbreitungsbezirkes einer Holzart mit finanziellem Vortheil arbeiten kann durch Nützung der Produkte i n n e r-
h a l b k ü r z e r e r Z e i t r ä u m e (Umtriebszeit), wobei sie freilich
unterhalb des Optimums (wärmeres Gebiet) auf Masse, denn
auf Güte, oberhalb des Optimums (kühleres Gebiet) mehr auf
technische Güte, denn auf Masse bedacht ist.

Man hat obigen Satz, den ich bereits in meinen „Waldungen
von Nordamerika" theilweise erwähnte, als „eigentlich selbstverständlich" bezeichnet und damit zwar zugegeben, dass er
richtig ist; jedenfalls aber bedarf der Satz, insbesonders was die
Holzgüte betrifft, noch eines zahlenmässigen Beweises, den zu

erbringen hier nicht der Ort ist; um aber die praktische
Wichtigkeit des Satzes nur für eine Frage, jene des Anbaues
einer fremden Holzart zu zeigen, mögen einige Beispiele ge-
stattet sein.

Wir kennen das Optimum der japanischen Keáki (*Zelkowa
Keaki*); es umfasst die wärmere Hülfte der Kastanienzone;
das Klima dort ist bekannt (vide die Vegetationszonen der
japanischen Holzarten); aus einer genauen klimatischen Parallelstellung der japanischen und europäischen Waldlandschaften,
ähnlich wie ich diess auch für die nordamerikanischen und
europäischen Landschaften vorgenommen habe, — und hieraus
dürfte der Werth solcher Parallelen deutlich hervorgehen —
ergiebt sich, dass das Optimum der Keáki ausserhalb
Deutschland liegt.

Die nächste Stufe vom Optimum hinweg umfasst die
Buchenregion; wo Buche vorherrscht, ist die Keáki forstlich
werthlos; diese Stufe ist daher nur in der wärmeren Hülfte
für Keáki geeignet, ein Gebiet das sich klimatisch mit dem
der rationellen Eichennutzholz-Wirthschaft decken dürfte. Weiter
aber können wir aus obigem Satze folgern, dass (wegen der
Entfernung vom Optimum) die Anbaufähigkeit der Keáki in
Deutschland erschwert sein wird (durch Spät- und Frühfrost,
Trockenfrost im Winter); dass die Höhen- und Stärkeentwick-
lung (pro Jahr und absolut) verringert sein werden (durch
Wärmemangel, vielleicht erstere auch durch ungenügende
Feuchtigkeit der Luft während der Vegetationszeit); dass das
Holzprodukt unter jener Güte sein wird, die dasselbe in
Japan — wo fast alles Keáki-Nutzholz aus dem optimalen
Gebiete stammt — so beliebt und berühmt macht; und dabei
ist noch vorausgesetzt, dass man der neuen Holzart den besten
Boden, nämlich frischen sandigen Lehmboden gegeben hat.

Ein anderes Beispiel möge die japanische Lärche,
(*Larix leptolepis*) sein. Ihr Optimum ist die Fichten- und
Tannenregion. Wo in Deutschland Fichte oder Tanne bereits
in natürlicher Verbreitung auftreten, wird wohl die
japanische Lärche so gut aufwachsen wie ihre deutsche
Schwester, wenn man ersterer denselben Boden und dieselben
waldbaulichen Verhältnisse wie letzterer anbietet. Verbringt
man die neue Lärche in eine tiefere und wärmere Stufe (Eichen-

und Buchenregion), so wird sie dort sicher dieselben Vor-
und Nachtheile zeigen wie die deutsche Lärche; neben dem
geringeren Holze wird wohl die unangenehmste Erscheinung
sein, dass die japanische Lärche von Insekten und Pilzen
ebenso gesucht und besucht ist wie die europäische; meine
Beobachtungen hierüber hier in Japan verleiten mich zu
diesem Prognostikum.

Damit aber aus obigen Beispielen nicht der Schluss gezogen
werden möge, dass die anbauwürdigen Exoten in Deutschland
nicht anbaufähig, die anbaufähigen aber nicht anbauwürdig
seien, möge noch ein Drittes, nicht japanisches Beispiel ange-
führt werden.

Die nordamerikanische *Douglasia**) (*Pseudotsuga Douglasii*)
hat ihr Optimum im Gebiete des winterkahlen Laubwaldes,
wie er durch das Ueberwiegen von Eichen charakterisirt ist.
Der Temperatur nach fiele das Optimum noch in die wärmsten
Lagen von Deutschland; allein da dort die relative Feuchtigkeit
hinter der des nordamerikanischen Optimums zurückbleibt, so
kann man nur von der nieder-westdeutschen Küste
und den benachbarten Landschaften behaupten, dass
sie dem Optimum am nächsten kommen.

Die dem Optimum in der Heimath benachbarte Stufe
umfasst die ganze Buchenregion und selbst da, wo bereits
Fichten und Lärchen auftreten, wird die Douglasia noch ein
stattlicher Nutzbaum. So darf man erwarten, dass diese Holzart in Deutschland anbaufähig sein wird von der wärmsten
bis zur kühleren Region des Baumwuchses.

Ob die Douglasia auch anbauwürdig sei, darüber bestehen
Meinungsverschiedenheiten, die in dem Streite über *Red* und
Yellow fir, über die vermuthete Unbrauchbarkeit der ersteren
und die Anbauwürdigkeit der letzteren Form gipfeln. Auf diese
Frage werde ich noch an einem anderen Orte zurückkommen
können. Es sei nur erwähnt, dass das in Deutschland in den

---

*) Mit diesem, wenn auch „unschönen" Namen möchte ich die Be-
zeichnung „Douglasfichte" „Douglastanne" ersetzen, ehe diese
Namen sich eingebürgert haben, da man nur zu leicht verführt wird,
dem Namen entsprechend auch die Holzart zu behandeln, während
doch die Douglasia weder botanisch noch waldbaulich eine Fichte oder
Tanne sondern eine eigenartige Holzart für sich ist.

wärmsten Lagen gewachsene Douglasia-Holz, ob *yellow* oder *red*, dauerhafter und schwerer sein wird als das Holz der Fichte oder Tanne, wobei es in diesen Eigenschaften wohl zwischen Kiefer und Lärche zu stehen kommen dürfte.

Aus diesen Andeutungen erhellt, dass die Aufzucht und Einbürgerung der japanischen Holzarten zum Zwecke der Nutzholzproduktion wohl schwieriger und fraglicher sein wird, als jene der nordamerikanischen Waldbäume; wo diese nicht gelingen wollen, da darf man füglich von einem Versuche mit japanischen Holzarten ganz absehen; nur die wärmsten Lagen und dort wiederum die besten Böden, welche die Fruchtkultur der Holzkultur übrig gelassen hat, kommen für die anbauwürdigen Japaner in Frage.

Aber selbst wenn keine japanische Baumart zu einer grösseren Vielseitigkeit der Nutzprodukte im deutschen Walde beitragen würde, schon wegen der Schönheit, Eigenartigkeit und Seltenheit mögen alle Anbaufähigen versucht werden zur Ausschmückung des Waldes, zur Freude der Bewirthschafter und zur Bereicherung der Kenntnisse der eigenen Holzarten.

Für die wenigen Empfohlenen, die einen forstlichen Gewinn in Aussicht stellen, möge das Folgende einer Beachtung gewürdigt werden.

III. Vorschläge zur Behandlung der japanischen Holzarten im deutschen Walde.

Die Vorschläge, die ich mir behufs der Aufzucht und Verwendung der japanischen, anbauwürdigen Holzarten zu machen erlaube, gründen sich zwar grösstentheils auf Beobachtungen in Japan selbst; jedoch stehen mir auch noch die höchst werthvollen Mittheilungen der königlich preussischen, forstlichen Versuchsanstalt zu Gebote neben direkten, brieflichen Mittheilungen von im Walde wirkenden Forstmännern aus Nord- und Süddeutschland, so dass ich glaube, dass meine Angaben auf guter und natürlicher Basis beruhen. Schon kurz nach meiner Rückkehr nach Deutschland bot sich mir Gelegenheit, an den sehr lehrreichen, grösseren und planmässigen

Versuchen, welche die kgl. preussische forstliche Versuchsleitung bei Chorin und im Distrikte Schönfeld bei Eberswalde mit japanischen Holzarten eingeleitet hat, den Werth meiner noch in Japan verfassten Vorschläge zu prüfen; ich habe keine Ursache zur Aenderung derselben finden können.

Hinsichtlich der Behandlung des Samens der Lärchen, Tannen, Fichten und zweinadeligen Kiefern, der Pflanzenerziehung und Verwendung im Walde kann man nur ein möglichst genaues Anlehnen an die Erfahrungen, welche an den nahverwandten, einheimischen Holzarten gesammelt wurden, empfehlen; freilich geht schon daraus, wie auch aus anderen Beobachtungen hervor, dass die erwähnten japanischen Nadelhölzer auch in ihren Leistungen sich von den Verwandten in Europa nicht wesentlich entfernen werden — im Falle sie zu Nutzbäumen überhaupt aufwachsen. Letzteres ist zwar für die Mehrzahl derselben wahrscheinlich, aber unmöglich scheint mir in Folge der klimatischen Differenzen zwischen Japan und Deutschland die Aufzucht der Schwarzkiefer (*Pinus Thunbergii*) und ausserhalb der Region des Weinbaues auch der Momitanne (*Abies firma*) zu sein; letztere überschreitet in Japan nicht den 40.° NB., betritt also ein Gebiet mit zuweilen — 20—25° C im Winter als Nutzbaum nicht mehr.

Die Aufzucht der japanischen und aller exotischen Holzarten überhaupt erfolgt am sichersten in sogenannten fliegenden, kleinen Pflanzgärten mitten im Hochwaldbestande; in solchen Oertlichkeiten ist für keine der empfohlenen Holzarten Bedeckung im Winter weder nothwendig, noch zu empfehlen. Solche Exoten, die unter derartigen, dem Keimbette im Urwalde sich nähernden Bedingungen nicht aufzukommen vermögen, können nach meiner Ansicht auch nicht zu werthvollen Gliedern des Waldes werden; wo man dagegen sogar die einheimischen Holzarten gegen Witterungsunbilden sichern muss, da rechtfertigt sich auch ein Schutz für die Exoten. Bedeckung im Winter, insbesonders wenn schon frühzeitig vorgenommen, birgt stets die Gefahr in sich, dass nach Entfernung der Decke im Frühjahr die Pflanzen (Nadelhölzer) bei direkter Besonnung durch Ueberverdunstung von Seite der zart gebliebenen Nadeln vertrocknen; nach den mir zugehenden Berichten und den

Vorsuchen im bayerischen Forstbezirk Grafrath scheint diese Gefahr sogar grösser zu sein, als jene von Seite des Frostes. Wie zu erwarten war, leiden durch derartige Ueberverdunstung die Cypressenarten mehr als die Abietineen, da die Triebe der ersteren zart und ihre Endknospe überdiess nicht durch trockenhäutige Schuppen geschützt ist. Bei manchem Berichte, der ein Erfrieren exotischer Nadelhölzer im Winter trotz Bedeckung meldet, darf man füglich interpretiren „nach und wegen Bedeckung vertrocknet". Ebenso dürfte in vielen Fällen nach meinen Beobachtungen statt „Erfroren im Winter trotz Bedeckung" zu setzen sein: von Schimmelpilzen (insbesondere der gemeinen Botrytis) während des Winters getödtet wegen der Bedeckung; denn gerade dieser polyphage Schimmelpilz wuchert im Winter unter der schützenden, durch Schnee verdichteten Decke, erwärmt und befeuchtet vom Boden, üppig, und befällt und tödtet reihenweise die dicht stehenden Sämlinge. Schon wenige Stunden nach dem Entfernen der Decke — es geschieht diess zumeist bei warmem und trockenem Wetter — ist das graue Pilzmycel mit den Sporen vertrocknet und die Pflanzen verfärben sich, als hätte sie der Frost versengt.

Bezüglich der Unterbringung des Samens möge, wo bessere Vorschriften fehlen, die alte Gärtnerregel befolgt werden: je leichter der Same desto schwächer die Bedeckung.

Solange das Aufwachsen einer japanischen Holzart in Deutschland zum Nutzbaume nicht nachgewiesen ist, getraue ich mir keine derselben in der ersten Anbauklasse zu empfehlen.

1. Keáki (Zelkowa Keáki).

Nur die Vegetationsstufe oberhalb des Optimums dieser Holzart hat in Deutschland eine klimatische Parallele; es sind die wärmsten Lagen von Deutschland bis zum Auftreten der Buchen in grösserer Zahl, welche für einen gewinnbringenden Anbau der Keáki geeignet erscheinen; sollte jedoch selbst in diesen Gebieten die Keáki langsamer wüchsig sein als die Eiche, so ist es wohl angezeigt, auf den Anbau dieser Holzart ganz zu verzichten. Mit diesem Vorbehalt kann man die Keáki in Einzelmischung zwischen Eichen, Spitz-Ahorn, Ulmen, Eschen u. s. w. empfehlen.

Aller bisher durch offizielle Vermittlung oder von mir

nach Deutschland gesandte Same dieser Art stammt aus Kisso, einer Landschaft, deren Klima schon früher kurz skizzirt wurde; der Same wird dort am Boden zusammengekehrt und meistens (durch Schlemmen) gereinigt; auch der bessere Same hat nur geringe Keimkraft (1890er 14%). Dazu kommt in Deutschland noch ein Verlust an Keimkraft infolge des Transportes durch die Tropen.

Nach dem Recepte des ausgezeichneten Praktikers und Pflanzenzüchters der forstlichen und landwirthschaftlichen Abtheilung zu Tokio, des Herrn Uchiyama, wird die Saat folgendermassen vorgenommen.

Die Aussaat erfolgt (hier in Tokio) am Besten Anfangs April; die Saatbeete werden festgeklopft; der Same, breitwürfig aufgestreut, wird mit Feinerde 1,5 cm dick bedeckt, welche wieder durch Anklopfen befestigt wird. Die Keimung ist nach 4 Wochen vollendet.*) Zweijährig werden die Pflanzen in engem Verbande verschult, um die Entwiklung derselben etwas zu hemmen. Bei weiter Pflanzung oder bei Düngung schiebt nach meinen (Verfasser) Versuchen die Pflanze im 3. Lebensjahre bereits einen 1 Meter langen Trieb, dem eine fast ebensolange Pfahlwurzel entspricht.) Die Verschulung geschieht im März. Auspflanzung im 4. Lebensjahre. Soweit Uchiyama. Zum Schutze gegen Hasen, das Verbeissen und Fegen der Rehe, sowie das Peitschen der Winde mögen die dünnen Pflanzen an primitive Stäbe angebunden werden. Versuche in weiträumigem Verbande auf einer gleichzeitig mit Eichen bestuften oder bepflanzten, warmen, tiefgrundigen, sandig-lehmigen, schwach geneigten Südhänge dürften zu empfehlen sein; doch soll damit durchaus nicht den eigenen Ideen der Pflanzenzüchter über gruppenweise Einmischung vorgegriffen werden; je mehr die Versuche mit dieser Licht und Wärme bedürftigen Holzart variirt werden, desto besser.

2. Hōnoki (Magnolia hypoleuca). Klimatisch deckt sich das Verbreitungsgebiet in Japan mit dem Vorkommen der

---

*) Hiezu möchte ich bemerken, dass, da der April hier in Tokio kaum wärmer ist als der deutsche Mai, der Mai dagegen stets frostfrei ist, alle Operationen wie Saat, Verschulung etc. in Deutschland um einen Monat später vorzunehmen sind, als die Angaben des Herrn Uchiyama vorschreiben.

4

Stieleiche in Deutschland; enge warme Thäler der Mittelgebirge mit frischem kräftigen Boden könnten das Optimum dieser lichtbedürftigen Holzart werden. Der Same besitzt frisch gesammelt und sogleich in den Boden gebracht, grosse Keimkraft, verliert dieselbe aber fast ganz bis zum Frühjahr des nächsten Jahres. Nach Uchiyama erfolgt die Saat Ende Oktober (also unmittelbar nach der Reife des Samens); die Keimung beginnt dann bereits Ende März. (Empfindlich gegen Spätfrost und wegen des langen Wachsthums im Spätsommer auch gegen Frühfrost.) Die jungen Pflanzen werden zweijährig, im März verschult, vierjährig im März ausgepflanzt.

Hiezu möchte ich noch bemerken, das die Pflanze (hier wenigstens) sehr raschwüchsig ist und daher in Einzelmischung auf den besseren Laubholzböden eingebracht werden kann; wo Buche überwiegt, sollen nur die wärmsten Lagen gewählt werden. Von Frost abgesehen sind mir wenige Gefahren für diese prächtige Holzart bekannt; sie ist wie die Keáki so ziemlich pilz- und insektenrein.

3. **Kiri (Paulownia imperialis);** nur in Gegenden mit Wein- oder Tabaksbau zu verwenden; bei vollem Lichte und sehr kräftigem Boden zur Einfassung von Pflanzgärten, am Rande gut gedüngter, landwirthschaftlicher Gelände zu gebrauchen.

Der sehr leichte Same gilt als sehr schlecht; er keimt jedoch noch leidlich gut bei folgender von Herrn Uchiyama angegebener Behandlung: Die Saatbeete werden im Schatten angelegt, mit Staub, Schmutz und Kehrricht beschüttet und fest getreten (hier in Japan mit Strohsandalen); der aufgestroute Same wird ebenfalls sehr fest an den Boden gedrückt; zur Bedeckung der Saat genügt schon ein leichtes Ueberstreuen mit dürren, feinen Blättern oder Nadeln. Schon im ersten Jahre werden die Pflanzen (in Tokio!) 6 Fuss hoch. Weitaus am häufigsten erfolgt die Vermehrung des Baumes durch Wurzelstocklinge; diese werden, nach Uchiyama, im Oktober geschnitten, drei Wochen lang an die Sonne gelegt (wenn nicht, verfaulen sie alle!), und dann in einer gedeckten Grube an einem trockenen, sonnigen Platze überwintert. Im Frühjahr — Mitte März — werden sie dann schief in die Erde gesteckt, so dass nur die oberste

— 51 —

Schnittfläche sichtbar bleibt; oben ist der Schnitt rechtwinkelig, am unteren Ende des Stecklings schief zur Achse geführt.

4. Inu-Enschu (Cladrastis Amurensis). Ansprüche an Wärme, Boden und waldbauliche Verhältnisse wie bei 2; über Behandlung des Samens ist hier nichts bekannt.

5. Harigiri (Acanthopanax ricinifolium). In Bezug auf Vorkommen und Optimum, auf Ansprüche an Boden, auf Verwendung im Walde gilt, was bei Nummero 2 angegeben wurde; über die Aufzucht des Baumes kann ich nur meine eigenen, wenigen Erfahrungen zur Verfügung stellen. Der Same keimt theils sehr spät, theils erst im nächsten Jahre; es empfiehlt sich deshalb Aussaat im Herbste*) oder sehr zeitlich im Frühjahre darauf. Die junge Pflanze, in den ersten Jahren etwas langsamwüchsig, erträgt längere Zeit Beschattung, verlangt aber dieselbe nicht.

6. Kadsura (Cercidiphyllum Japonicum). Verbreitung und Optimum wie bei 2; auf alten Flussauen, hart an Gebirgsbächen am besten; die Pflanze ist schon vom ersten Lebensjahre an lichtbedürftig und raschwüchsig. Erfahrungen über Behandlung des sehr kleinen geflügelten Samens, Aufzucht der Pflanzen fehlen fast ganz. Einzelmischung zur Erziehung schlanker Schäfte; sehr hohe Ausschlagfähigkeit, wenn auf den Stock gesetzt, wie auch 1 und 2.

7. Schiuri (Prunus Shiuri). Wo in Deutschland die Eiche ein Baum wird, sollte auch diese tannenschäftige Traubenkirsche aufwachsen, deren Saat, Verpflanzung und Verwendung sich aus Beobachtungen an den wilden Kirscharten in Deutschland ergibt.

8. Sawagurumi (Pterocarya rhoifolia). Verbreitung und Optimum wie bei Nr. 2. Auf rezenten Flussauen, wo in Deutschland die in ihrem Holze gering-

---

*) Ich will nicht versäumen, eine sehr werthvolle Beobachtung des königlich bayerischen Forstmeisters, Herrn Kickinger in Riedenburg, zu erwähnen. Wie genannter Herr mir mittheilt, erzielt man bessere Resultate mit den japanischen Sämereien, wenn man sie im Herbste oder selbst erst im Frühjahre des folgenden Jahres aussät, da sie wegen des weiten Transportes meistens etwas zu spät in Deutschland, nämlich gegen das Ende des Frühjahres, eintreffen; Frühfröste und strenge Winter werden auf diese Weise leichter überwunden.

4*

werthigen Erlen und Pappeln als erste Baumvegetation sich ansiedeln, und zwar dort allein zu versuchen. Das Holz wird schwerer und brennkräftiger sein als jenes der genannten Arten; über die Aufzucht der Pflanzen fehlen hier alle Erfahrungen, sie scheint aber nach den gelungenen Versuchen in Deutschland nicht schwierig zu sein.

9. **Kiwada (Phellodendron Amurense).** Vorkommen und Optimum wie bei 2. Diesen raschwüchsigen Baum habe ich als anbauwürdig aus zwei Gründen empfohlen: einmal wegen des schön gelben Farbstoffes in der Rinde und dann wegen der Fähigkeit, d i c k e n K o r k zu bilden. Es bestehen in Japan keine Erfahrungen, ob diese Eigenschaft so ausgebeutet werden kann, wie es bei der Korkeiche geschieht; Versuche müssen diess erst feststellen. Gelängen diese, so wäre der Baum um so werthvoller, da er wohl überall in Deutschland, wo die Eiche gedeiht, gepflanzt werden könnte.

Die Frucht, eine übelriechende Beere, enthält mehrere Samenkörner, so dass man bei Aussaat von 100 Beeren 120 und mehr Pflanzen erhält. Guter Boden und volles Licht sind nothwendig.

10. **Hinoki (Chamaecyparis obtusa).** Dieser hervorragende Nutzbaum sollte überall in Deutschland, wo die Eiche wächst, gedeihen; ja die wärmsten Lagen müssten geradezu das Optimalgebiet des Baumes in Deutschland werden, wenn die relative Feuchtigkeit der Luft während der Vegetationsmonate dem Baume genügt.

Die Bewirthschaftung der Hinoki erfolgt hier bei Waldungen, die im Privatbesitz sich befinden, s e i t J a h r h u n -
d e r t e n i m K a h l s c h l a g b e t r i e b m i t d a r a u f f o l g e n d e r
P f l a n z u n g ; erst in neuerer Zeit wurde für die Staatswaldungen die naheliegende natürliche Wiederverjüngung als Norm aufgestellt.

Die Methoden der Pflanzenzucht wechseln nach meinen Beobachtungen nach Landschaften. Die rationellsten Baumzüchter, die Bauern der Provinzen von Kiushiu und Shikoku, der grossen Landschaft von Kishiu (Yamato, Kii), von Kai giessen auf die zubereiteten Saatbeete sehr dünnen, gut gegohrenen Menschendünger; 10 Tage darauf wird auf das fest gedrückte Beet der Same gestreut; Feinerde darauf gesiebt und festgeklopft, sowie schlechtes Reisstroh locker daraufgelegt. Die einjährigen Pflänzchen werden verschult auf ein Beet, das im Sommer durch ein leichtes, etwa 2 Fuss hohes Strohdach geschützt wird; während der Nacht wird das Dach entfernt; bei der Sonne exponirten und desshalb bodentrockenen Standorten werden die verschulten Pflanzen mit abgestandenem, altem Wasser begossen; im fünften Lebensjahre werden die Pflanzen von etwa 6 Fuss Länge ausgepflanzt. Man rechnet dabei auf einen Tsubo Fläche = 36 $\square'$ eine Pflanze. Ganz das gleiche Verfahren ist in Anwendung bei *Chamaecyparis pisifera* und *Cryptomeria japonica* und anderen.

Herr Uchiyama legt die Saaten hier in Tokio in etwas verschiedener Weise an. Der Same wird auf die festgedrückten, nicht gedüngten — aus schwarzer Gartenerde bestehenden — Saatbeete gebracht, 1 cm Erde wird darauf gestreut und festgedrückt. Sodann wird Stroh (hier gutes, langes Reisstroh) dünn ausgebreitet und durch Bambusrahmen auf dem Beete befestigt, damit die Saat gegen Auswaschen durch Regen gesichert ist. Die Anlage erfolgt Anfangs April; nach 3 Wochen beginnt die Keimung. Im Winter wird etwas Laubstreu auf und zwischen die Pflanzen gestreut. Zweijährig werden die Pflanzen in engem Verbande (15 cm Abstand, um die Höhenentwicklung zurückzuhalten) verschult (April); vierjährig werden sie (April) ausgepflanzt. Ebenso werden 11. 12. 13. und 15. behandelt. Welche Methode für das deutsche Klima besser passt, müssen Versuche feststellen.

Die jungen Pflanzen werden (auch *Sugi*, *Sawara* und *Hiba* verhalten sich so) im Winter roth bis blauroth — eine kombinirte Wirkung von Sonnenlicht und Kälte —; solche Pflanzen gelten als die besten; solche dagegen, welche diese Färbung nicht annehmen, gelten als frostempfindlich. Im Frühjahr macht die rothe wiederum einer freudig grünen Färbung Platz.

Die *Hinoki* erträgt lange Zeit den Entzug des Lichtes durch den Laubwald, wächst dann aber auch sehr langsam. Sie mag daher dem Laubwalde einzeln oder gruppenweise beigemengt werden; bei Anlage von reinen Beständen, die hier sehr vollholzige Sortimente liefern, soll enge Pflanzung Regel sein; wo Fichten oder Tannen in den Waldungen überwiegen, wäre auf den Anbau dieser Holzart zu verzichten. Wegen der Vermehrung durch Stecklinge wolle Nr. 15 beachtet werden.

11. Sawara (Chamaecyparis pisifera). Für diese Holzart gilt Alles, was bei Nr. 10 angegeben wurde, nur mit dem Vorbehalt, dass für die Sawara die kühleren Lagen zu meiden sind. Vide auch Nr. 15.

12. Hiba (Tujopsis dolabrata). Vide Nr. 10. Wächst am langsamsten unter den japanischen Cypressenarten, erträgt die kräftigste Beschattung, gedeiht noch auf lehmigem Sandboden, aber nie zusammen mit Kiefer, feuchte kühle Bergthäler, der bessere Sandboden an der Küste, soweit er noch Laubhölzer trägt, kommen für diesen schönen Baum in Frage. Wegen Stecklingsvermehrung Nr. 15.

13. Nezuko (Thuja Japonica) vide Nr. 10. Bei der Auspflanzung sollten enge, feuchte Bergthäler, das gefestigte Ufer der Bergbäche gewählt werden. Vide auch Nr. 15.

14. Koyamaki (Sciadopitys verticillata). Hinsichtlich der Ansprüche dieser eigenartigen Holzart an Wärme, Boden ihre Verwendung im Walde, gilt Nr. 10. Die Maki vom Berge Koya ist jedoch äusserst trägwüchsig. Der Same keimt hier erst nach drei Monaten (Uchiyama); durch kräftige Bedeckung mit Laubstreu wird dem Erfrieren vorgebeugt; mit drei Jahren werden die Pflanzen verschult, mit fünf Jahren verwendet. Für Deutschland dürfte sich wohl Herbstsaat, mit Streubedeckung im Winter, empfehlen.

15. Sugi (Cryptomeria Japonica). Für die Behandlung des Samens und der jungen Pflanze bestehen wie bei der Hinoki verschiedene, nach Provinzen wechselnde Methoden, die sich alle oft mehrere Jahrhunderte hindurch bewährt haben. Japan ist ja das klassische Land der Kahlschlagwirthschaft und Pflanzung; ein Blick in diese alten Sugipflanzbestände, die freilich auf vortrefflichem vulkanischen Verwitterungsboden stocken, genügt, um zu erkennen, dass sie in ihrem Holzmassenvorrath den Urwaldbeständen weit überlegen sind.

In neuerer Zeit hat man im nördlichen Japan eine natürliche Wiederverjüngung, wie mir scheint, ohne allen Erfolg, für die dortigen sehr ausgedehnten Sugibestände angestrebt. Same und Pflanze können nach den beiden unter 10 angegebenen Methoden behandelt werden; jedoch ist zu beachten, dass einmal die Sugi den Entzug des Lichtes kaum erträgt, weshalb sie in Gruppen oder kleineren reinen Beständen, in den

wärmsten Lagen des Laubwaldes (Niederungen, Südhänge)
angelegt werden mag.

Es empfohlen sich Versuche mit Stecklingen am definitiven
Standorte der Sugi im Walde oder auf Verschulungsbeeten;
Gleiches gilt auch für Nr. 10, 11, 12 und 13. Für das Gelingen
einer Stecklingspflanzung ist stets grosse Feuchtigkeit
der Luft (zur Verhinderung der Ueberverdunstung der Pflanze)
und frischer Boden nothwendige Voraussetzung; folgt auf
die Pflanzung mehrtägiger Sonnenschein, so muss begossen
werden, um wenigstens noch einige Pflanzen zu retten. Aus
diesem Grunde pflanzt man hier Ende April oder Anfangs
Mai, zu welcher Zeit der trockene Nordost- dem feuchten und
warmen Südwestmonsune mehr und mehr die Herrschaft über-
lässt. In Deutschland wären vielleicht in frischen Lagen Löcher
im Bestande mit Stecklingen der genannten Holzarten einige
Jahre vor der stärkeren Lichtung oder dem Abtriebe des Be-
standes zu bestellen. Saatkämpe sollen hiefür im Schatten
angelegt werden.

(Methode von Osumi.) Von 10 bis 15 Jahre alten Pflanzen
werden Seitenzweige von etwa 40 bis 45 cm Länge abgeschnitten,
deren Seitenzweigchen gekürzt und die Abschnittfläche keil-
förmig zugespitzt. Die Stecklinge werden in 8 bis 10 cm
tiefe, schiefe Löcher eingesenkt und festgedrückt. Derartige
Stecklinge sind hier in Japan im zweijährigen Holze*) abgeschnitten, und zwar so, dass die Grenze zwischen ein- und
zweijährigem Triebe beim Versenken in's Pflanzloch etwa 4 bis
5 cm unter die Erdoberfläche geräth; von der Schnittflächen-
überwallung und der erwähnten Jahresgrenze aus entwickeln
sich die Wurzeln; in einigen Oertlichkeiten werden die ab-
geschnittenen Zweige zuerst 2 bis 3 Tage lang in's Wasser
gelegt; an anderen Orten wird das Stecklingsmaterial eigens
gezüchtet, indem schon ältere Bäume entgipfelt werden, worauf
eine ganze Schaar von Gipfeln — die zukünftigen Stecklinge —
erscheint.

Wie in Japan, wird auch in Deutschland für alle Sugi-
pflanzungen Schutz gegen Wild unentbehrlich sein; nach meinen

---

*) Bei älteren Zweigen soll ebenfalls eine Jahresgrenze unter den
Boden gelangen.

Erfahrungen im Reviere Grafrath wird die Sugi noch ärger
verbissen als selbst die *Pinus rigida*.

16. Kometsuga (Tsuga diversifolia). Dieser Baum
erscheint in einer Waldzone, in der die Buche bereits in
grösseren Beständen sich findet, betritt als Nutzbaum erster
Grösse die wärmeren Lagen in Fichten- und Tannenwaldungen
und geht mit diesen bis zur Waldgrenze empor. Der Baum
dürfte demnach überall in Deutschland auf frischen, kräftigen
Böden in luftfeuchten Bergthälern (nach oben hin an die erwähnten Cypressenarten sich anschliessend) gedeihen. Von dem
dauerhaften, verkernten Holze abgesehen ist diese Tsuga reich
an Tannin, reicher als die europäischen Nadelhölzer.

Der Same wird leicht mit Erde bedeckt und mit aufge-
streuten Fichten- oder Tannennadeln gegen Auswaschen durch
den (hier in Tokio in dicken Tropfen herabstürzenden) Regen
geschützt (Uchiyama). Die junge Pflanze erträgt zwar längere
Zeit Schatten, wächst dann aber auch mässig schnell. In
Einzelmischung mit Tannen und Fichten, in engen Gruppen,
selbst in engen, reinen Beständen zeigt der Baum hier in
Japan schönschäftige, vollholzige Stämme.

17. Koreazürbel, Chosenmatsu (Pinus Koreensis).
Im Gebiete des Laub- und wärmeren Fichten- und Tannen-
waldes sollte diese Kiefer so gut gedeihen, wie die Weymouths-
kiefer, der sie in Holzqualität und Schattenerträgniss kaum
nachsteht; sie hat aber vor dieser voraus, dass ihre Samen
sehr gross und wohlschmeckend sind. Aufzucht und Verwendung der Pflanzen wie bei der Weymouthskiefer, doch
sind allzu feuchte Oertlichkeiten zu meiden; der Same liegt
über.

18. Kriechzürbel, Haimatsu (Pinus pumila). Der
ungeflügelte Same liegt über. Stets langsamwüchsig bleibt
diese Holzart stets strauchförmig, wie die europäische Krummholzkiefer; nur da, wo die letztere wächst, soll der Anbau
der Kriechzürbel versucht werden, weil dieselbe essbare Samen
besitzt, aus denen ein Speiseöl bereitet wird.

Für die früher empfohlenen Laubholz-Straucharten
bedarf es wohl keiner Anleitung zur Aufzucht und Verwendung; wohl aber möchte ich die Aufmerksamkeit auf einen

essbaren Hutpilz, **Agaricus Shĩtäke** lenken, eine forstliche
Nebennutzung, die in vielen Waldgegenden Japans werthvoller
ist, als die sogenannte Hauptnutzung, und auch in Regie be-
trieben wird. Die ausgedehntesten Kulturen des „Schwammes"
gehören der subtr. und Kastanienzone an, wo alle Eichenarten, besonders aber *Shĩ (Castanopsis)* benützt werden; in
der Buchenzone sind ausser den Eichen auch Buchen verwend-
bar; doch im kühleren Klima nimmt die Güte des gezüchteten
Produktes — nach japanischem Geschmacke wenigstens — ab.
Im südlichen Japan habe ich zwei Methoden der Pilz-
kultur kennen gelernt; die eine heisst die langsame Methode.
Bei dieser vergehen sechs Jahre, bis die ersten Früchte an
dem vorpilzten Prügelholze hervorbrechen; sie liefert die besten
und theuersten Schwämme. Einstweilen dürften die Versuche
in Deutschland sich vielleicht auf die schnelle oder kurze
Methode beschränken. Während für die Aufzucht des Pilzes
auf dem langen Wege eine eigene Eichenniederwald-Wirthschaft
mit 20jährigem Umtriebe das nöthige Nährmaterial liefert, benützt
der kurze Weg verschiedene Laubholzarten, immer aber nur
jüngere Bäumchen oder Aeste von Armes- bis Schenkeldicke.
Diese werden unmittelbar nach dem Blattabfalle gefällt und
100 Tage im Walde liegen gelassen; dann erst erfolgt die Zer-
sägung in 3 bis 4 Fuss lange Stücke, welche ringsum mit der
Heppe Schnitte erhalten bis in's Holz hinein. Die an den Pilz-
kulturplätzen stets gegenwärtigen Sporen des Pilzes fliegen an
diesen Wundstellen an; das sich entwickelnde Mycel (Pilzmutter)
verwandelt das Holz in eine weissliche, brüchige Masse und
schon im ersten Jahre (Herbst), besonders aber im zweiten
und in den folgenden vier Jahren nach der Infektion brechen
theils aus der Rinde, theils aus den Schnittwunden die Hut-
pilze hervor, die jedoch je grösser desto besser und
theurer sind; die schmackhaftesten und theuersten sind langsam
im Schatten getrocknet; schnelles Trocknen am Feuer oder in
der Sonne zerstört das Aroma.
Die Pilzkulturplätze werden stets im Schatten angelegt, sei es unter einem dicht belaubten, immergrünen Baume,
oder im Bambuswalde oder unter einem künstlichen Dache.
In Deutschland, wo die Luftfeuchtigkeit geringer ist als in
Japan, dürften noch überdiess feuchte, dumpfige Oertlich-

keiten zu wählen sein. Sollte es gelingen, den Pilz in
Deutschland einzuführen — ob derartige Versuche bereits
bestehen, ist mir nicht bekannt —, so dürfte an den Kulturplätzen des Pilzes die Infektion des Holzes nach der japanischen
Methode (Sporeninfektion) geschehen; einstweilen aber muss,
um unwillkommene Pilze auszuschliessen, von einem Ein-
schneiden der Prügel Abstand genommen werden. Für den
Beginn ist Mycelinfektion unerlässlich; das Material hiezu
dürfte am besten in Form von kleinen Abschnitten bereits
inficirter Holzstücke aus Japan zu beziehen sein. Die Mycelinfektion geschieht einfach, indem man in die Laubholzprügel
(etwa 100 Tage nach der Fällung) Löcher bohrt und in diese
inficirte Holzstückchen hineinschiebt; ob rindenlose Stücke,
wie sie die Eichenschälwaldungen liefern, brauchbar sind,
müssen Versuche entscheiden. Die inficirten Prügel werden
aufrecht zusammengestellt; das Erscheinen nicht erwünschter
Pilzgäste, wie Nectrien, Pezizen, Hylarien, selbst kleinerer
Polyporeen beweist noch nicht, dass die Infektion mit dem
gewünschten Pilze misslungen ist; auch hier in Japan sind
die besten Shitakekulturen zugleich die besten Kulturen für
andere, am Holze mitfressende und darum indirekt schädliche
Pilze. Ist die Infektion gelungen, dann erscheinen an der
glatten Rinde zuerst Höcker, welche über Nacht aufplatzen;
dann bricht rasch ein matt brauner, mit ockerfarbigen Flocken
gesprenkelter, anfangs kugel-, später schirmförmiger Hutpilz mit weisser Innen- und Unterseite hervor — der wahre
Shitake.

Der japanische Wald beherbergt noch eine grosse Anzahl
von Sträuchern mit essbaren Früchten, Kräutern mit geniess-
baren Beeren, mit von Stärkemehl erfüllten Wurzeln, eiweiss-
reichen Blättern und Trieben, die alle in Japan eifrigst gesucht und genutzt werden; ich erwähne z. B. dass die frisch
hervorbrechenden, noch eingerollten Blätter von *Pteris aquilina*
(*Warabi*) gesammelt, gekocht und in grösster Menge verspeist
werden; ja man brennt in vielen Gegenden die Waldungen
herunter und lässt dann alljährlich Feuer über den Boden
hinweglaufen, damit recht viele Blätter des Adlerfarn hervor-
sprossen. Aller dieser Nutzpflanzen des Waldes hier zu
gedenken, liegt nicht im Rahmen der vorliegenden Mittheilungen,

wie auch ihre Prüfung und Einführung in Doutschland wohl
ausserhalb des Boreiches der forstlichen Thätigkeit fällt.

Bei dem ausserordentlichen Reichthum der japanischen
Waldflora an Baumarten darf es nicht überraschen, dass eine
ziemlich grosse Anzahl derselben in Deutschland anbauwürdig
erscheint und desshalb in den vorausgehenden Zeilen in Vor-
schlag gebracht wurde. Die grossen Erfolge, welche die Landwirthschaft mit der Einführung fremdländischer Gewächse
erzielt hat, berechtigen gewiss auch die Forstwirthschaft, was
fremdländische Waldungen an vortheilhaften Baumarten dar-
bioten, zu prüfen und das Beste davon zu behalten.

www.ingramcontent.com/pod-product-compliance
Lightning Source LLC
Chambersburg PA
CBHW022009190326
41519CB00010B/1454